高等职业教育教材

机械制图与AutoCAD习题集

JIXIE ZHITU YU AUTOCAD XITIJI

肖 莉　苏 勇　龙锦中　主编
谢 彤　主审

化学工业出版社
·北 京·

内 容 简 介

本习题集与《机械制图与CAD》（肖莉、苏勇、龙锦中主编）配套使用。

本习题集采用新的《机械制图》《技术制图》标准。本习题集除了作图以外，还设置有选择、填空、判断等题型，使学生在有限的时间内完成更多的练习，获得更多的信息。CAD技术的应用渗透到每个模块，题型突出实用性与典型性，尤其是技术图样，多为工程实用图样。

本习题集的编排顺序与教材体系保持一致，内容由浅入深，循序渐进，重在应用与创新的训练，并有一定余量，习题中带有 * 的部分供学生选做和教师取舍。

本习题集适用于高等职业院校的机械和近机械类专业的制图教学，也可供成人教育相近专业和有关工程技术人员参考。

图书在版编目（CIP）数据

机械制图与 AutoCAD 习题集 / 肖莉，苏勇，龙锦中主编. --北京 ：化学工业出版社，2025. 7. --（高等职业教育教材）. -- ISBN 978-7-122-47878-8

Ⅰ. TH126-44

中国国家版本馆 CIP 数据核字第 202541UP61 号

责任编辑：高　钰
责任校对：王　静　　　　装帧设计：刘丽华

出版发行：化学工业出版社（北京市东城区青年湖南街 13 号　邮政编码 100011）
印　　装：中煤（北京）印务有限公司
787mm×1092mm　1/16　印张 8¾　字数 217 千字　　2025 年 9 月北京第 1 版第 1 次印刷

购书咨询：010-64518888　　　　售后服务：010-64518899
网　　址：http://www.cip.com.cn
凡购买本书，如有缺损质量问题，本社销售中心负责调换。

定　　价：28.00 元

前　　言

本习题集与《机械制图与 AutoCAD》（肖莉、苏勇、龙锦中主编）配套使用。我们本着“着重职业技术技能训练，基础理论以够用为度”的原则编写，结合习题功能定位与教学需求，突出其系统性、实践性与创新性。

本习题集具有以下特点：

① 本习题集配有答案和供上机练习的 CAD 文件，读者请发电子邮件至：cipedu@163.com 获取或登录 www.cipedu.com.cn 下载。

② 本习题集的编排顺序与教材体系保持一致，内容由浅入深，循序渐进。习题集设置了基础题、提高题和拓展题，基础题夯实基础，提高题提升能力，拓展题激发创新思维，重在应用与创新的训练，题型突出实用性与典型性，技术图样多为工程实用图样。

③ 改变单纯画图的作业模式，增加选择、填空、判断等题型，使学生在有限的时间内，完成更多练习，获得更多信息。

④ 从投影规律到三维建模，从手工绘图到 CAD 操作，构建完整的能力链条。

⑤ 强化徒手绘图训练，由浅入深地安排相应的练习，各院校也可根据实际需要，将部分尺规图作业改为徒手绘制，提高学生绘制草图的能力。

⑥ 校企合作，结合企业真实项目案例（如零部件设计、工程图纸规范），帮助学生掌握机械制图的核心技能（如 CAD 软件应用、公差标注、工艺表达等）。

本书由肖莉、苏勇、龙锦中担任主编并负责统稿，童艳、罗显寰任副主编，由广西工业职业技术学院谢彤教授担任主审。本习题集编写分工如下：广西交通技师学院罗显寰、珠海城市职业技术学院李耀熙（模块一），广西工业职业技术学院苏勇（模块二、五），广西工业职业技术学院肖莉（模块三、四），广西工业职业技术学院龙锦中（模块六），广西工业职业技术学院童艳（模块七），广西工业职业技术学院王丽娜、东风柳州汽车有限公司蓝升敏（模块八），广西工业职业技术学院罗世阳、南京健康高级技工学校徐爱国（模块九）。

本习题集在编写的过程中参考了一些国内同类著作，在此特向有关作者致谢！同时得到了各院校领导和许多教师的帮助，在此一并表示感谢！由于编者水平所限，习题集中难免存在疏漏，恳请读者批评和指证，以便修订时调整与改进。

编　者

目　录

模块一　制图的基本知识和技能

1-1　字体练习

工　程　制　图　设　计　标　准　质　量　比　例　考　证　材　料　名

上　下　左　右　前　后　位　置　方　向　技　术　要　求　热　处　理　标　题　栏　审　核　姓　名　号

班级　　　　　姓名　　　　　学号

1-2　字体和字母书写

横平竖直注意起落结构均匀填满方格机械制图旋转技术要求

制图设计描图审核质量比例材料共第张序号粗糙度形位公差平行对称垂直

A B C D E F G H I J K L M N O P Q R S T U V W X Y Z ϕ

班级　　　　　　姓名　　　　　　学号

1-2 字体和数字书写（续）

abcdefghijklmnopqrstuvwxyz

I II III IV V VI VII VIII IX X

1234567890

1234567890 1234567890

1234567890 1234567890

班级 姓名 学号

1-3 线型练习

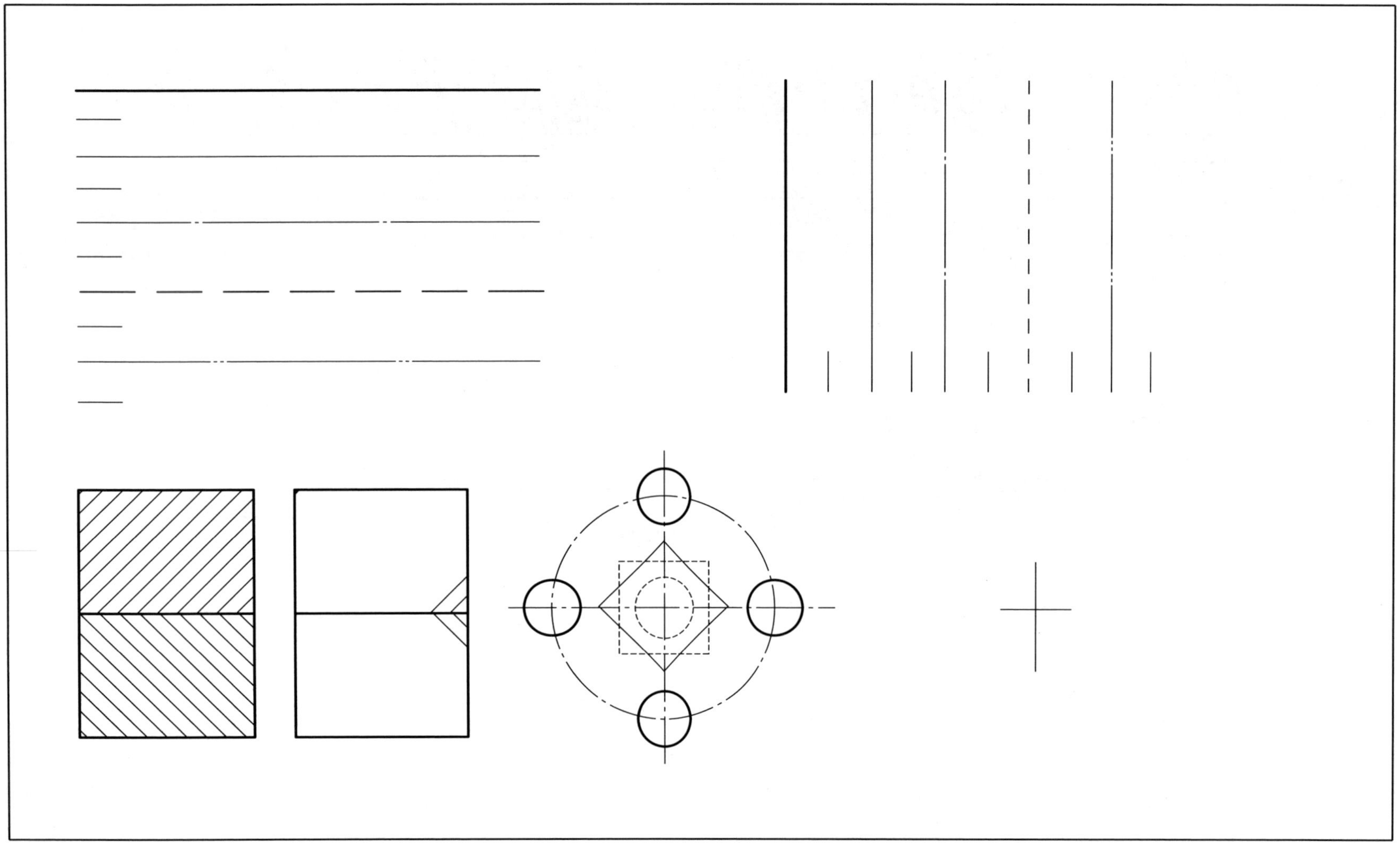

班级　　　　　　　姓名　　　　　　　学号

1-4　线型练习大作业

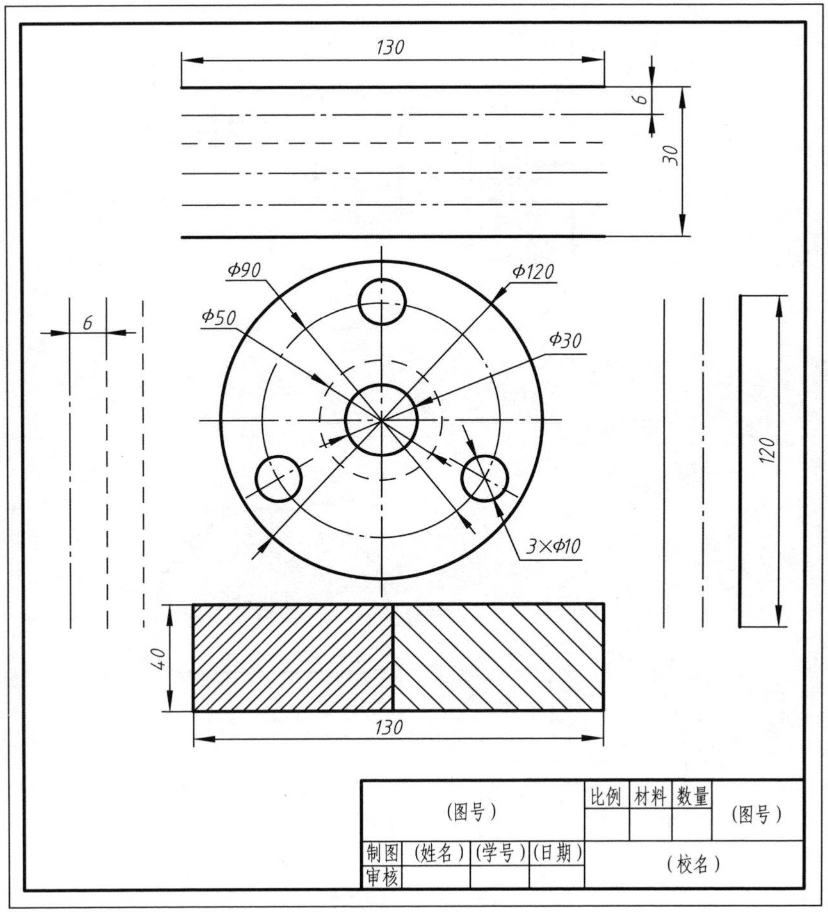

一、目的、内容与要求

1. 初步掌握国家标准《机械制图》的有关内容，学会绘图仪器和工具的使用方法。

2. 图形正确，布置适当，线型练习合格，字体工整，尺寸齐全，符合国家标准，连接光滑，图面整洁。

二、图名、图幅、比例

1. 图名：线型练习。

2. 图幅：A4 图纸竖放。

3. 比例：1∶1。

三、步骤及注意事项

1. 绘图前应对所画图形进行分析研究，以确定正确的作图步骤，特别注意图形轮廓上圆的画法，在图面布置时，还应预留出标注尺寸的位置。

2. 线型中粗实线宽度为 0.7mm，虚线和细实线为粗实线的 1/3。

3. 图形中的字体要写成长仿宋体，尺寸数字用 3.5 号字。

4. 注意图中箭头的画法，其宽度为 0.7mm，长度为宽度的 6 倍左右。

5. 打底稿，认真进行检查，最后进行加粗、加深。

四、填写标题栏

班级　　　　姓名　　　　学号

1-5　尺寸标注（数值从图中度量，1∶1 比例标注，取整数）

1. 画箭头，填写尺寸数值。

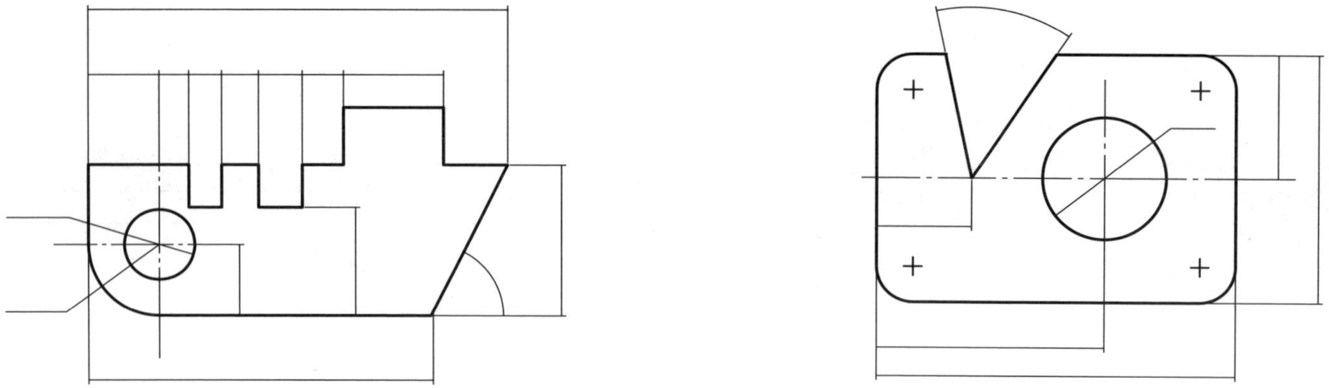

2. 圆的直径。

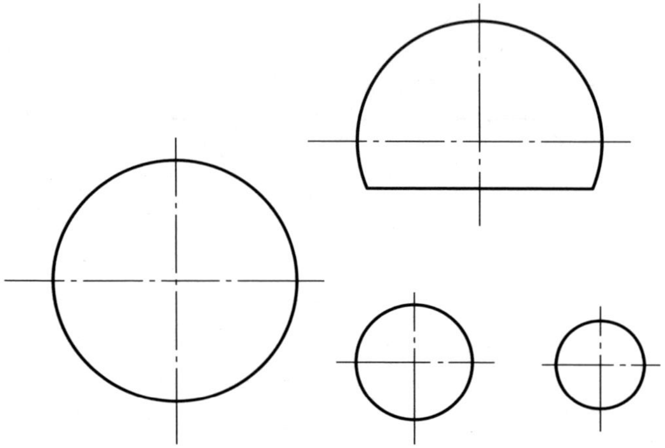

3. 圆弧半径。

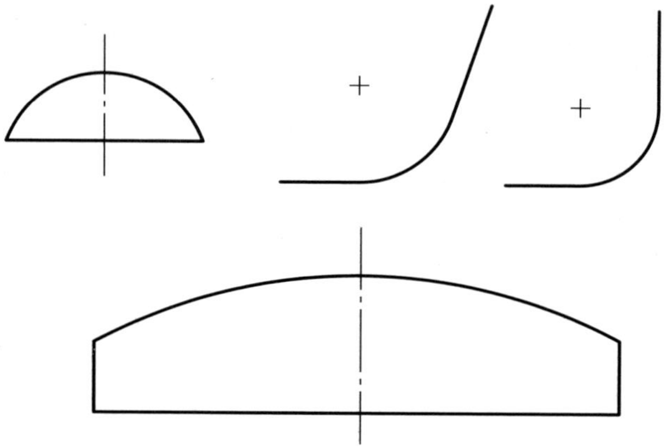

班级　　　　　　　　姓名　　　　　　　　学号

1-6 尺寸标注

1. 左图中尺寸标注有错误，将正确的标注在右图上。

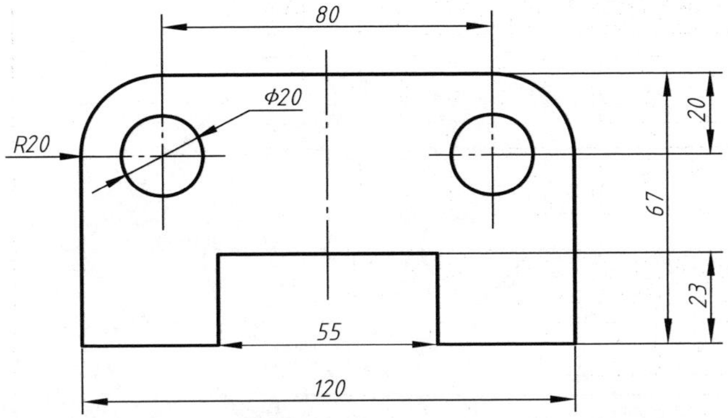

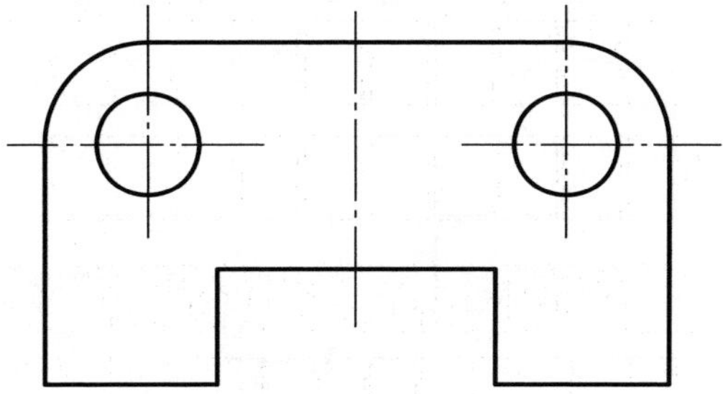

2. 参照右图所示，用 1∶2 比例在空白位置画出图形，并标注尺寸。

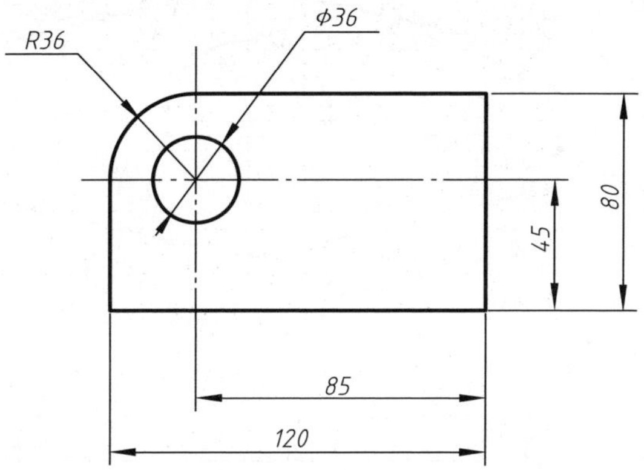

班级　　　　姓名　　　　学号

1-7　按比例 1：1 标注尺寸（从图中度量取整数）

1

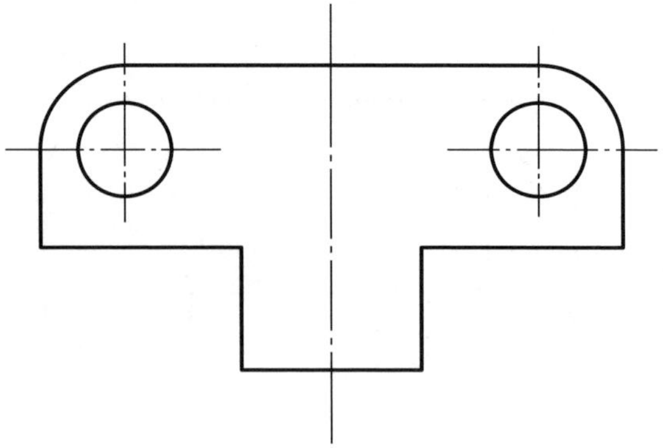

2

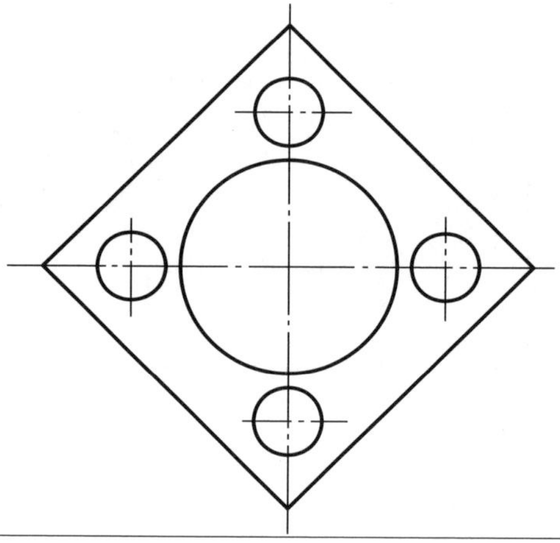

3

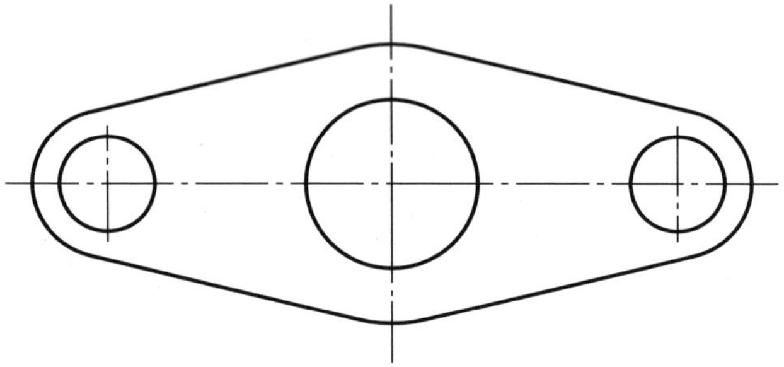

4

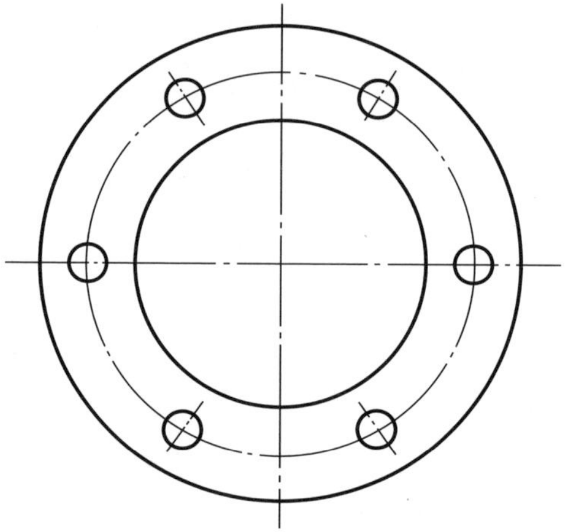

班级　　　　　　　　姓名　　　　　　　　学号

1-8　几何作图（一）

1. 将直线 AB 平均分成 8 等份。

2. 作圆的内接正三角形。

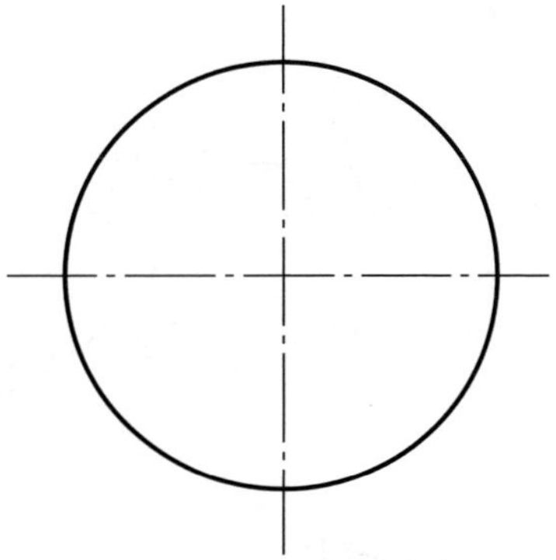

3. 作圆的内接正四边形。

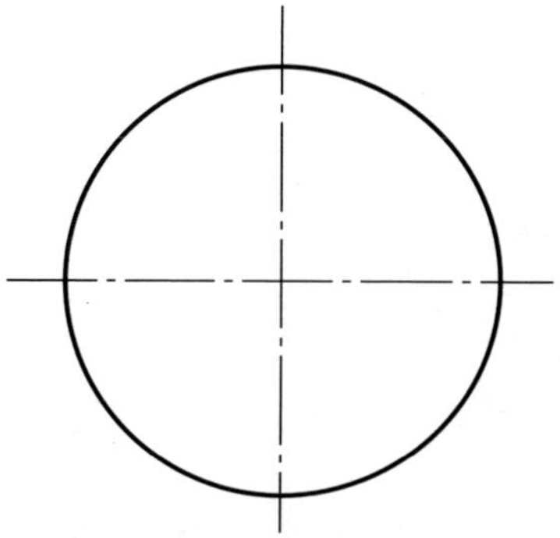

4. 作圆的内接正六边形。

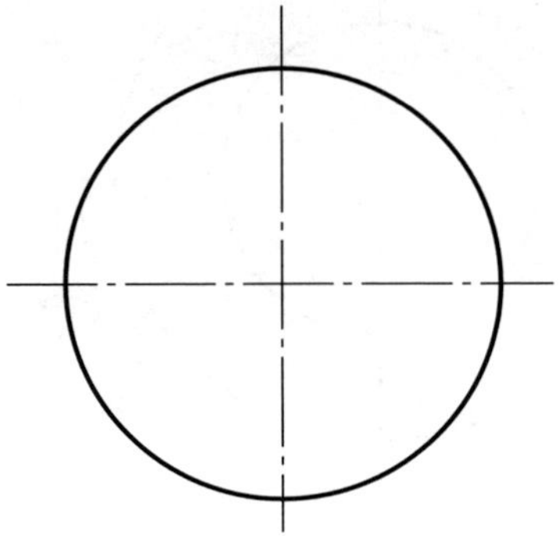

5. 参照右上角示意图，作 1∶5 斜度图形。

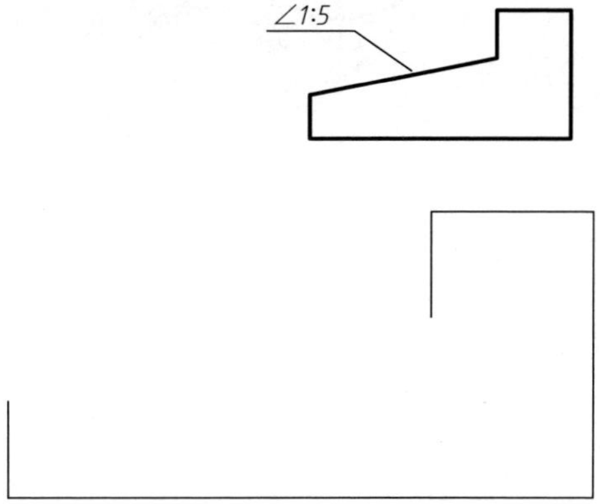

6. 参照右上角示意图，作 1∶3 锥度。

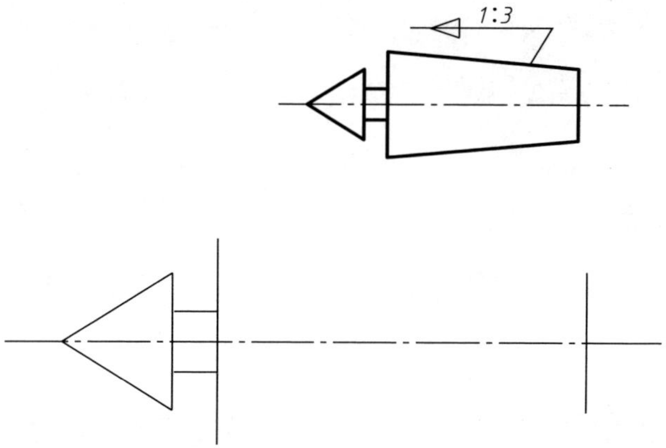

班级　　　　姓名　　　　学号

1-9 几何作图（二）

1. 用同心圆法作椭圆（长轴 60、短轴 35）。

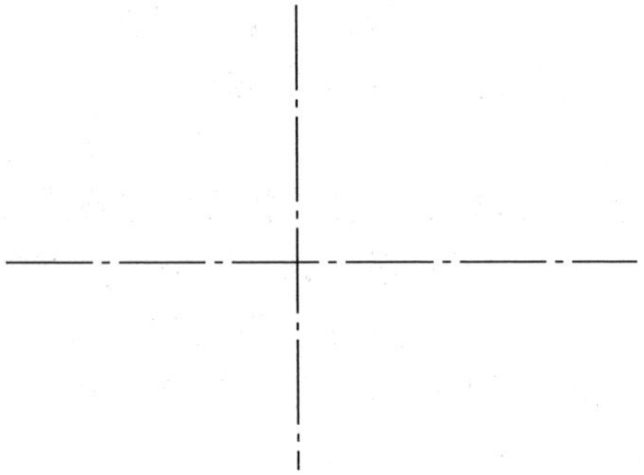

2. 用四心法作椭圆（长轴 60、短轴 35）。

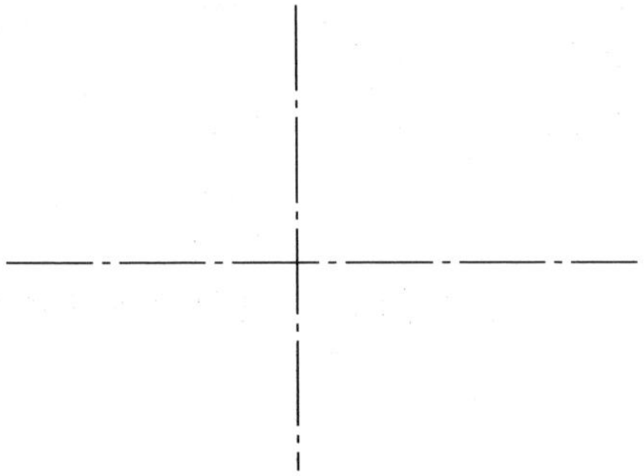

3. 按 1∶1 完成下列图形的线段连接，标出连接弧圆心和切点（保留作图线）。

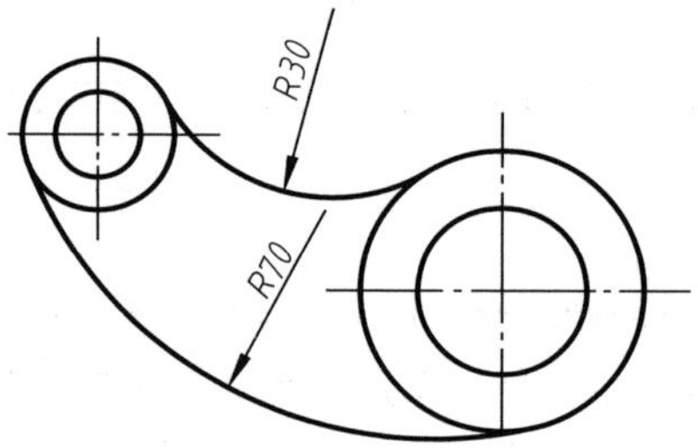

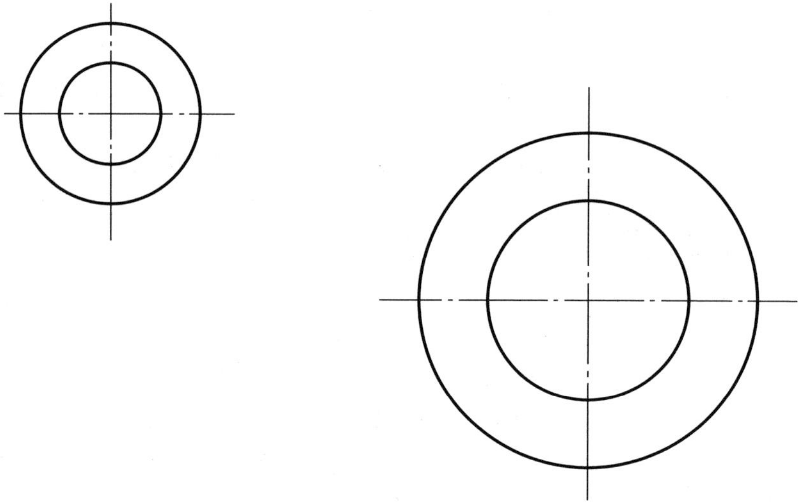

班级　　　　　　姓名　　　　　　学号

1-10 徒手绘制下面图形，比例自定，不注尺寸

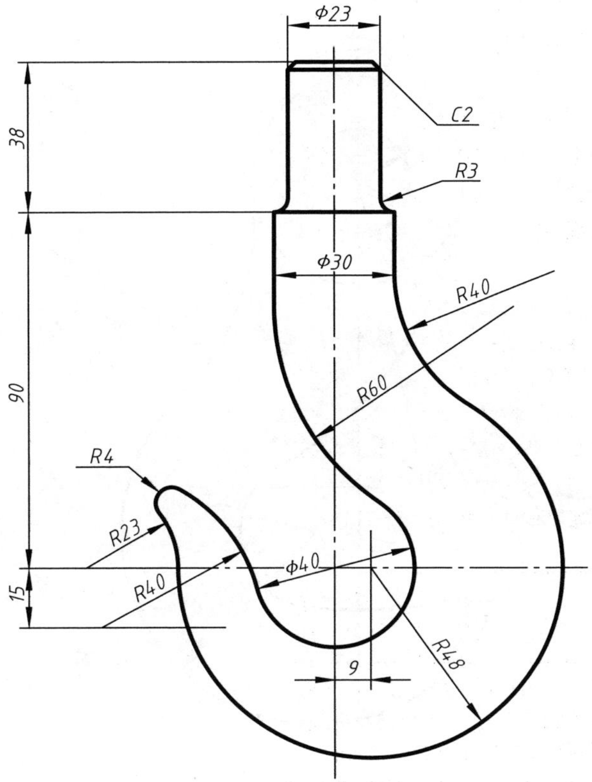

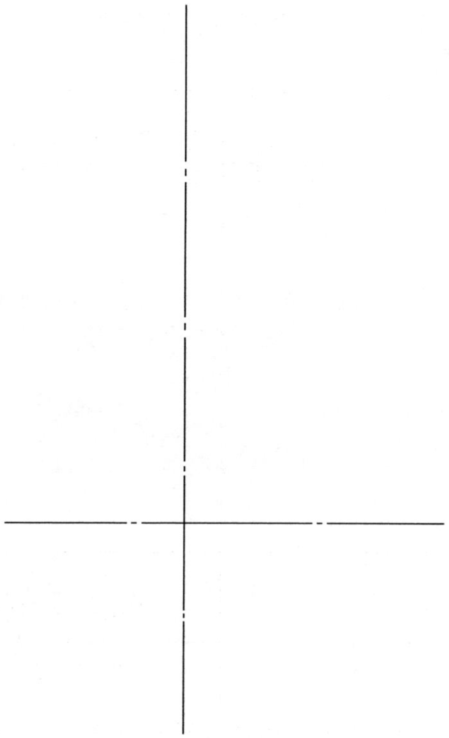

班级 姓名 学号

1-10 徒手绘制下面图形，比例自定，不注尺寸（续）

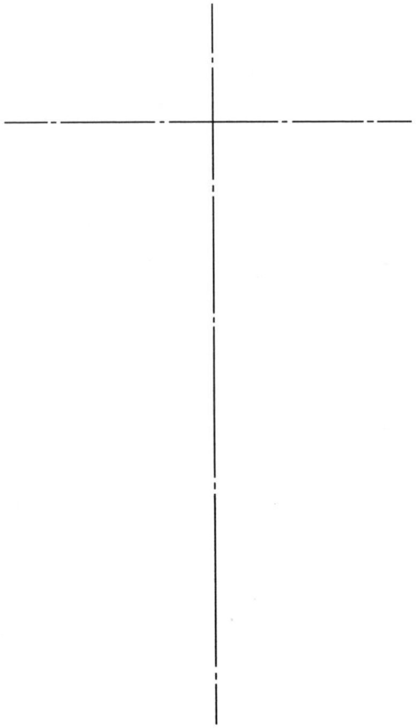

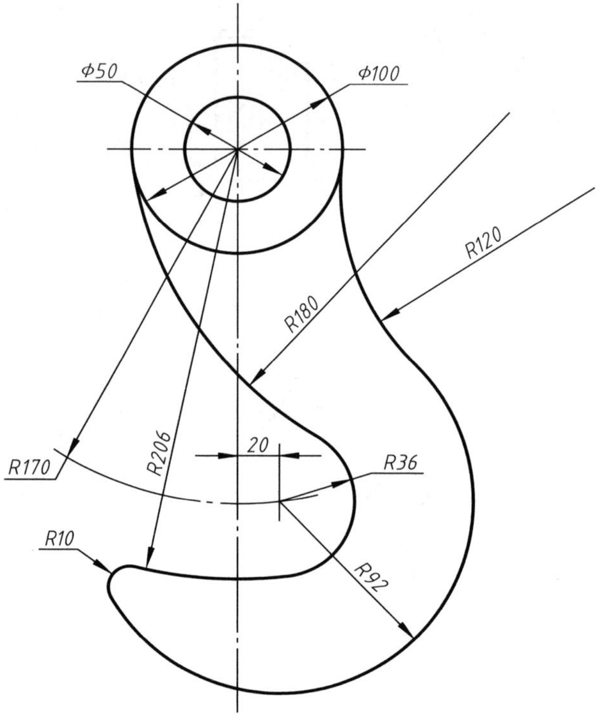

班级　　　　　　姓名　　　　　　学号

1-11　平面图形作业

一、作业目的

1. 熟悉平面图形的绘图步骤和尺寸标注。

2. 掌握线段作图方法和技巧。

二、内容与要求

1. 绘制如图所示平面图形并标注尺寸。

2. 用 A3 图纸竖放，比例为 1∶1。

三、绘图步骤

1. 分析图形中的尺寸作用及线段性质，确定作图步骤。

2. 打底稿。

（1）画图框和标题栏。

（2）画出图形的基准线及圆的中心线等。

（3）按已知线段、中间线段和连接线段的顺序，画出图形。

（4）画出尺寸线、尺寸界线。

3. 检查底稿，描深、加深图线。

4. 标注尺寸、填写标题栏。

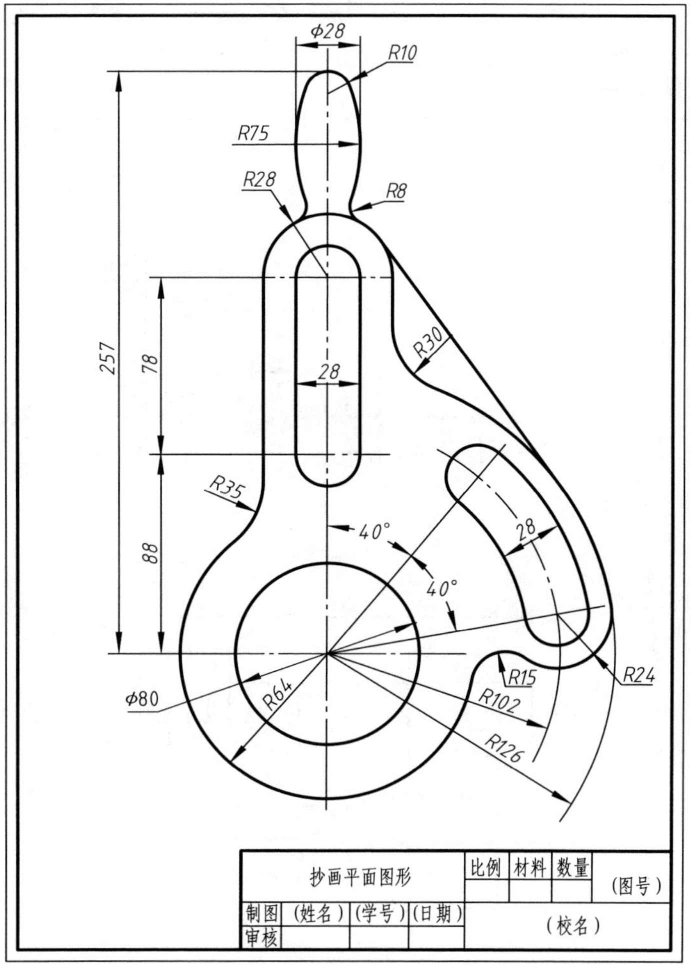

班级　　　　　　姓名　　　　　　学号

模块二　AutoCAD 2024 基本操作

2-1　基本图形练习（一）

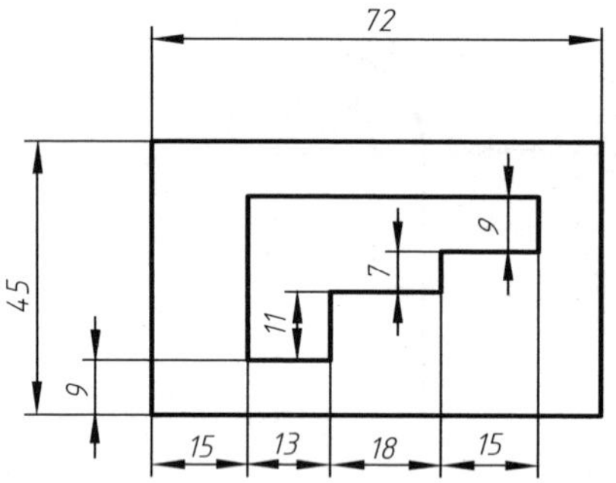

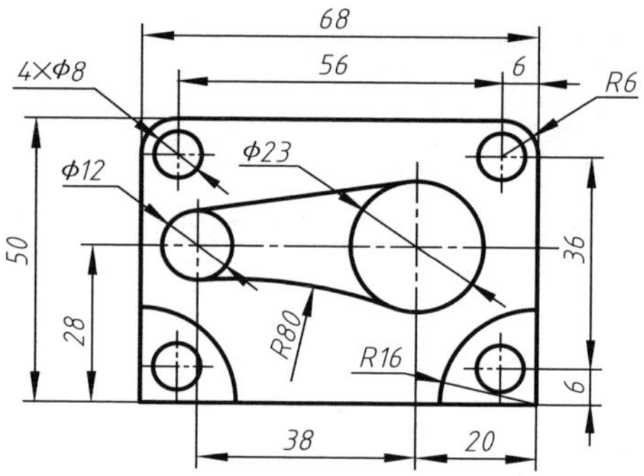

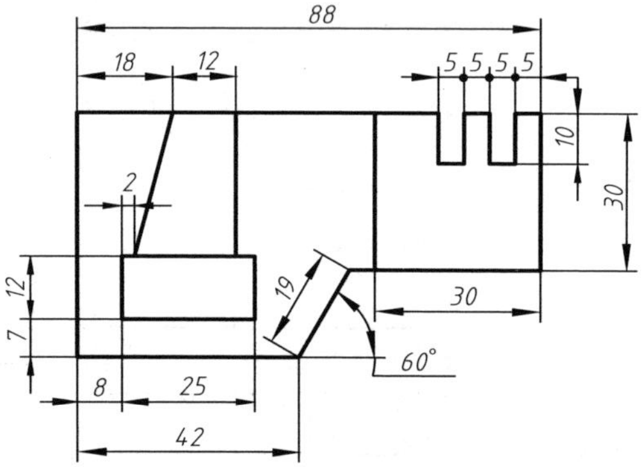

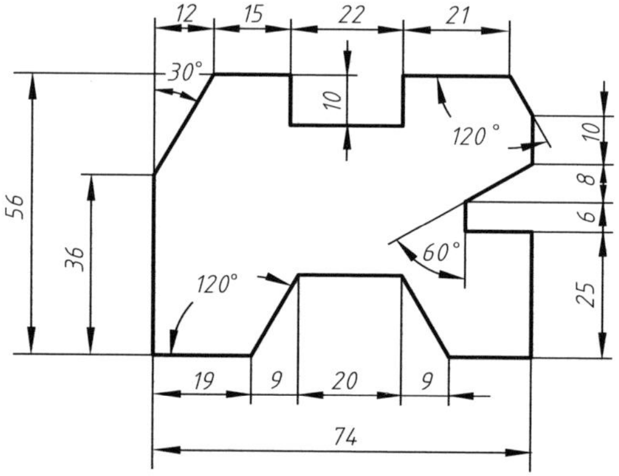

班级　　　　　　　　姓名　　　　　　　　学号

2-1 基本图形练习（二）

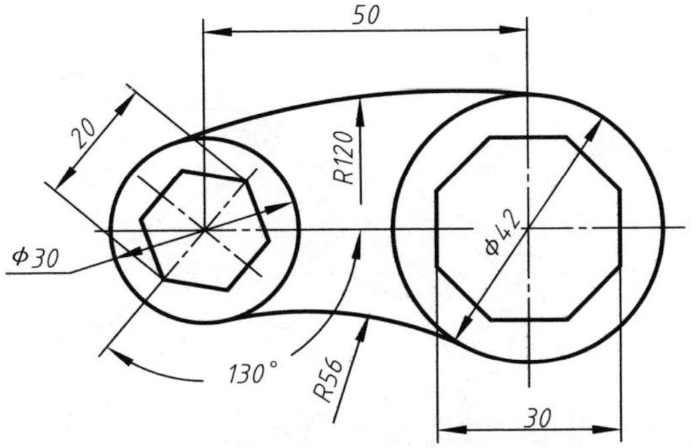

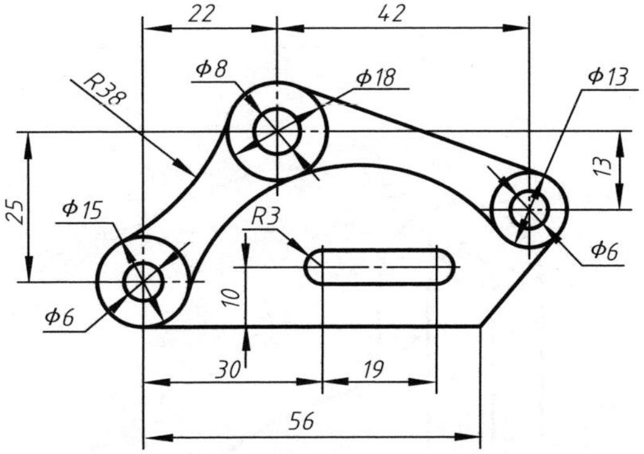

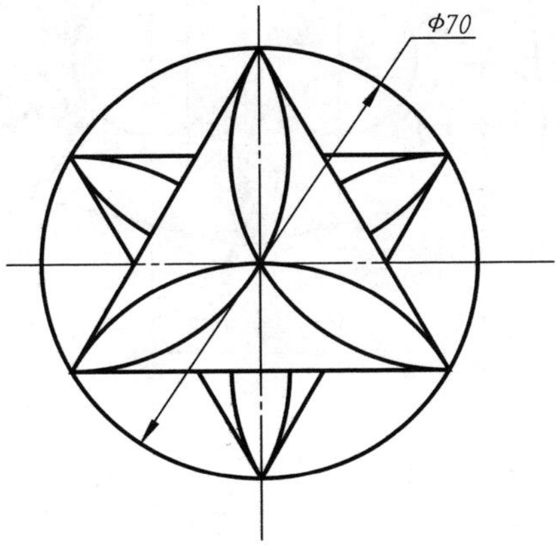

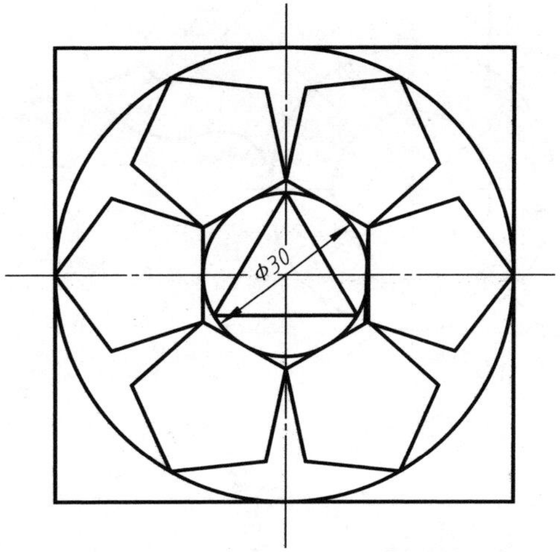

班级　　　　　　姓名　　　　　　学号

2-1 基本图形练习（三）

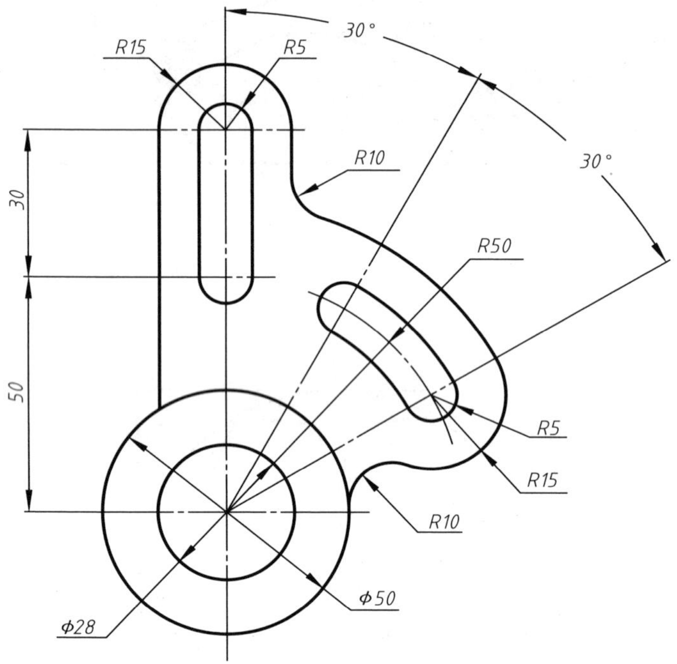

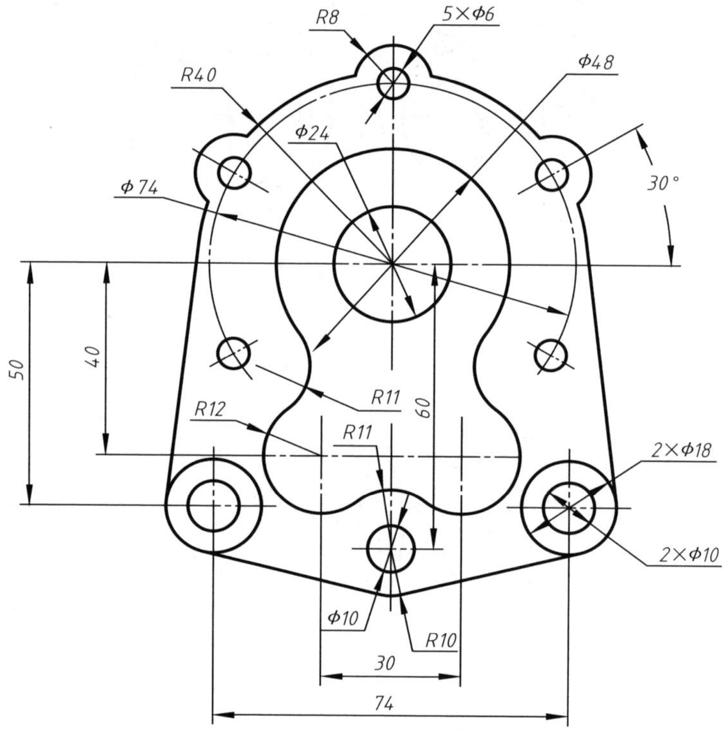

班级　　　　　　姓名　　　　　　学号

2-1 基本图形练习（四）

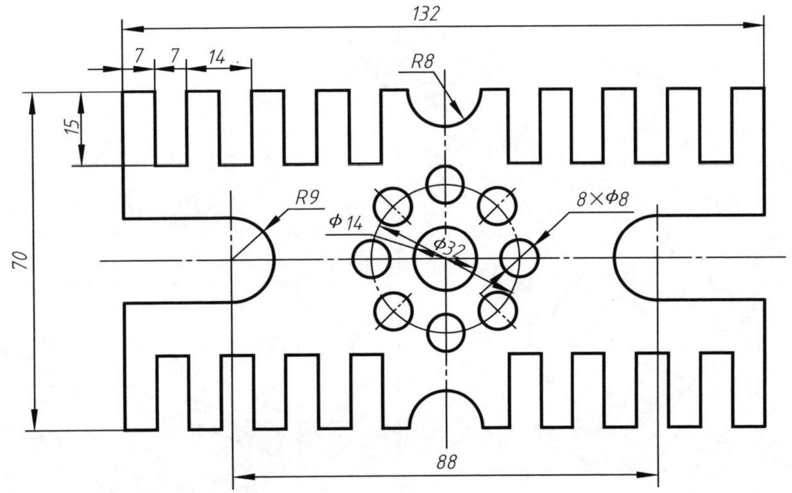

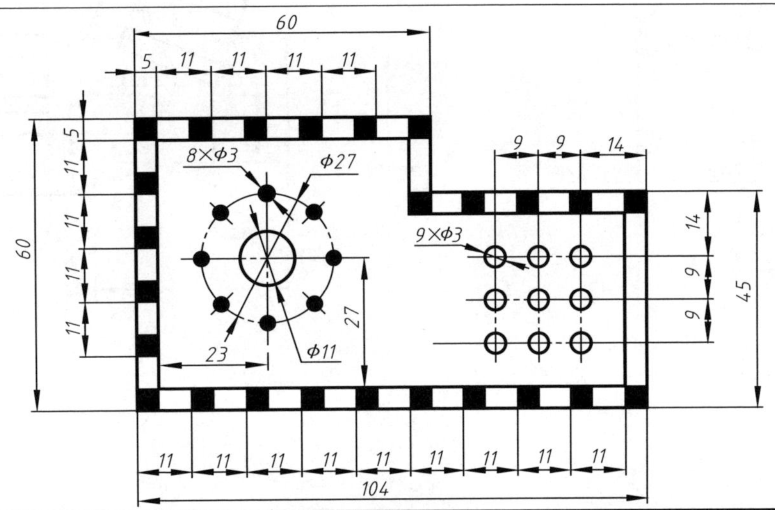

班级　　　　　　　姓名　　　　　　　学号

2-1 基本图形练习（五）

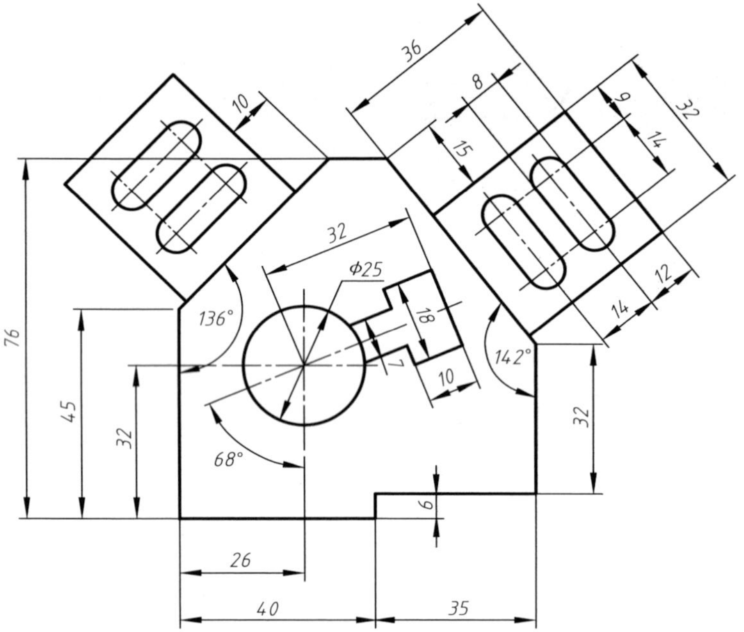

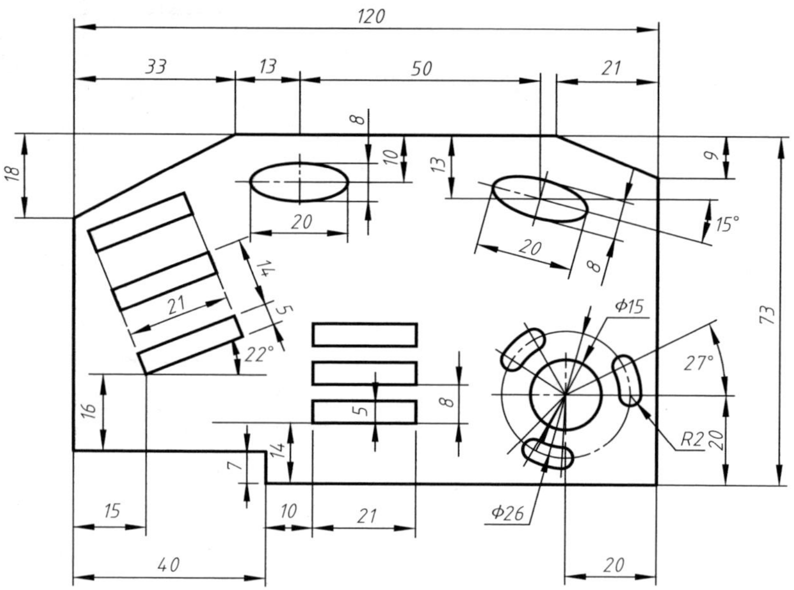

班级　　　　姓名　　　　学号

模块三　物体的三视图

3-1　观察物体的三视图，辨认其相应的轴测图，在圆圈内填写对应的序号

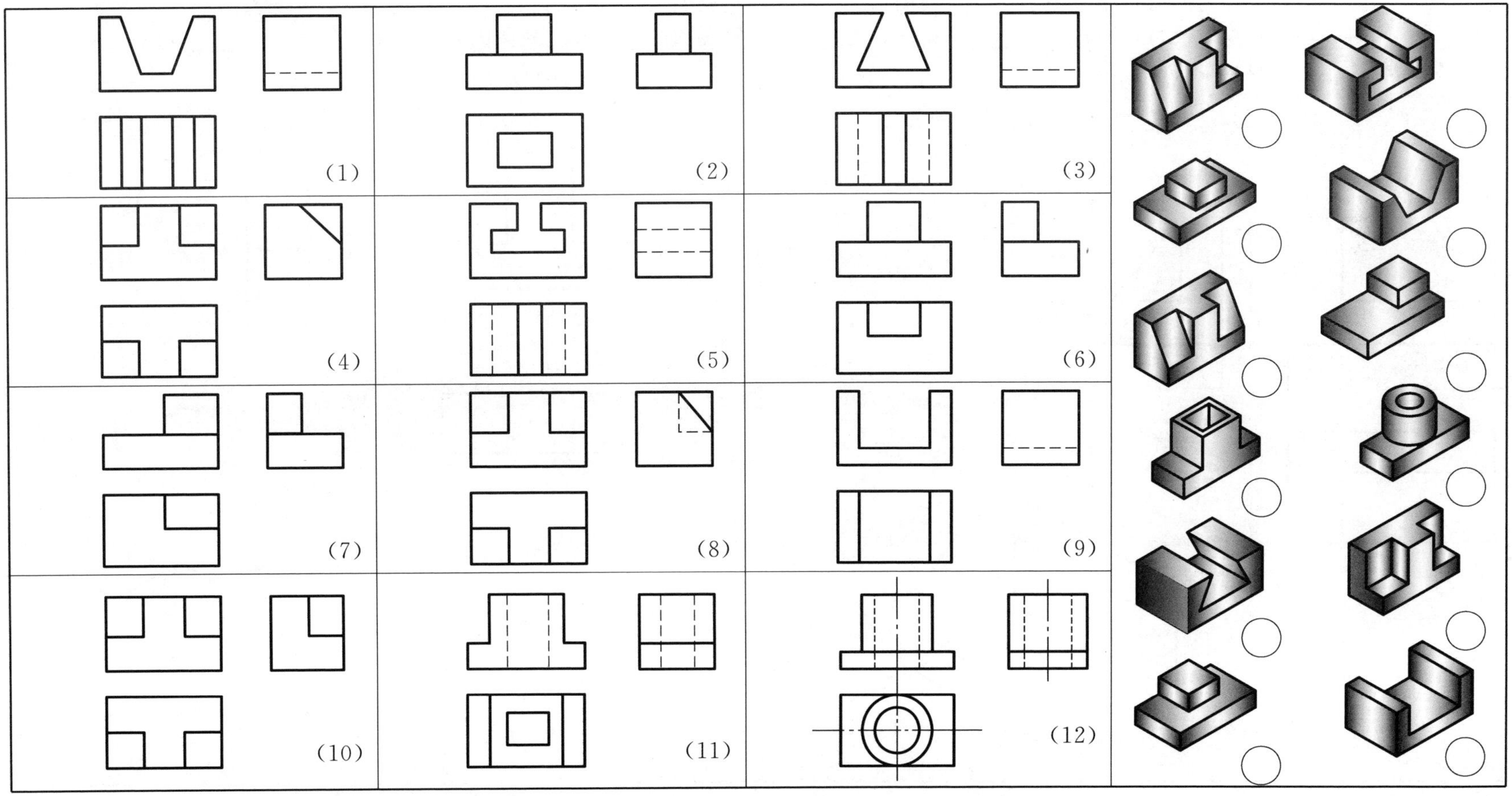

班级　　　　　　姓名　　　　　　学号

3-2　三视图的投影关系和方位关系

1. 在三视图中填写视图名称，在尺寸线上填“长”、“宽”、“高”，并填空。

由________向________投射所得视图称为________视图；

由________向________投射所得视图称为________视图；

由________向________投射所得视图称为________视图；

主、俯视图________对正；

主、左视图________平齐；

俯、左视图________相等。

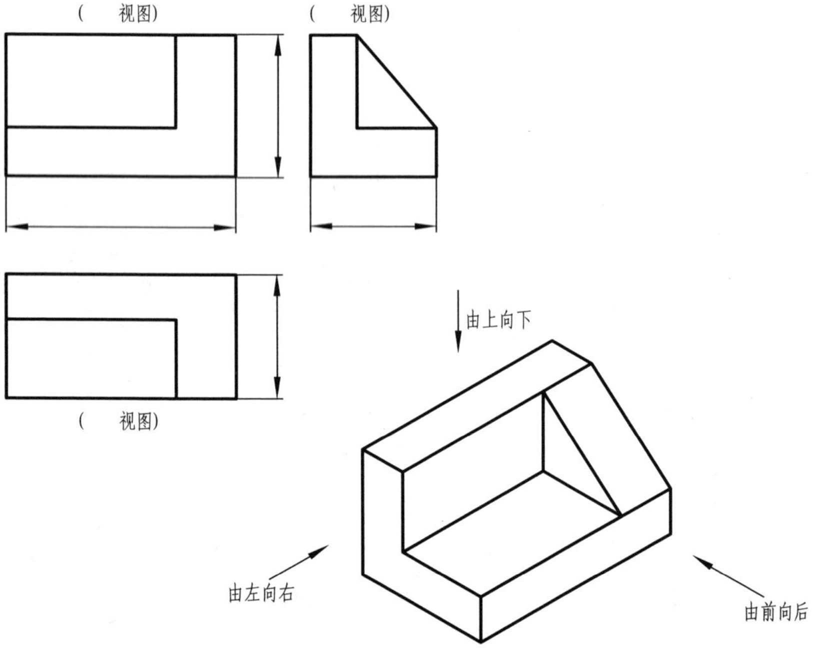

2. 在三视图中填写上、下、左、右、前、后，如主视图，并填空。

主视图反应物体的________和________方位；

俯视图反应物体的________和________方位；

左视图反应物体的________和________方位；

俯视图的下方和左视图的右方表示物体的________方位；

俯视图的上方和左视图的左方表示物体的________方位。

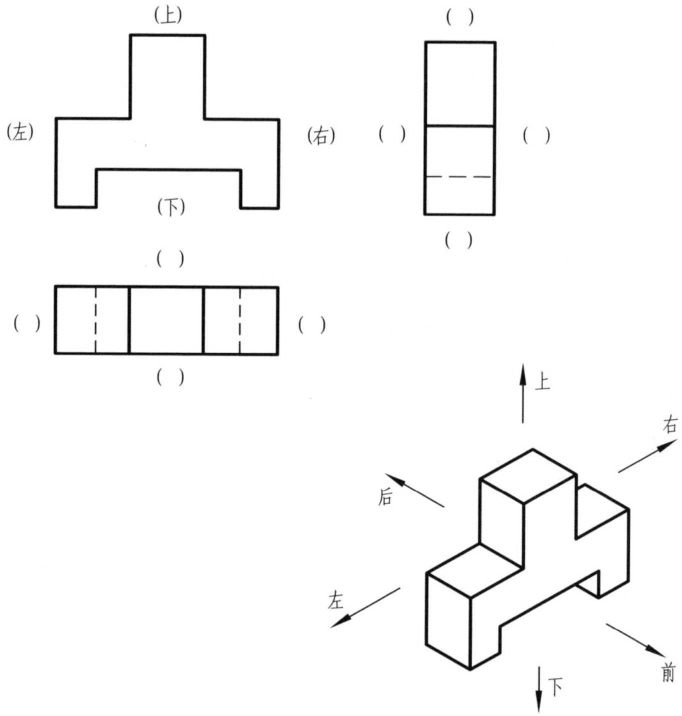

3-3　参照轴测图，补画图中所缺的图线

1

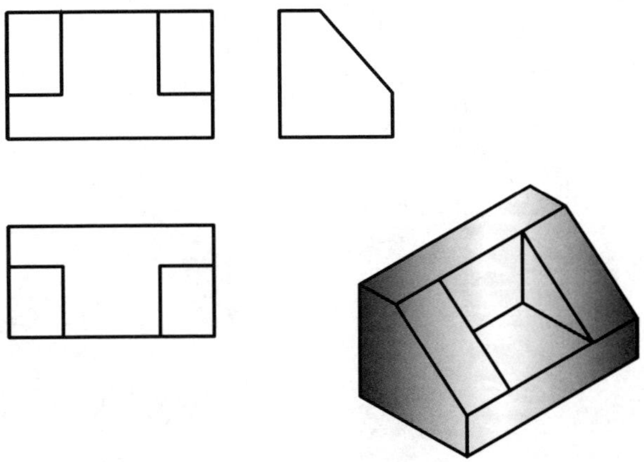

2

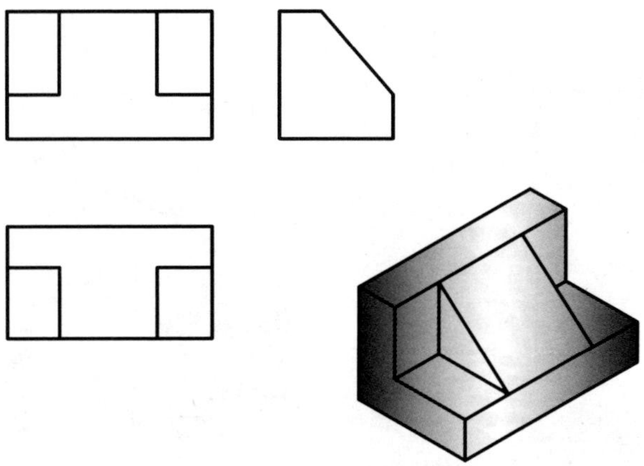

3

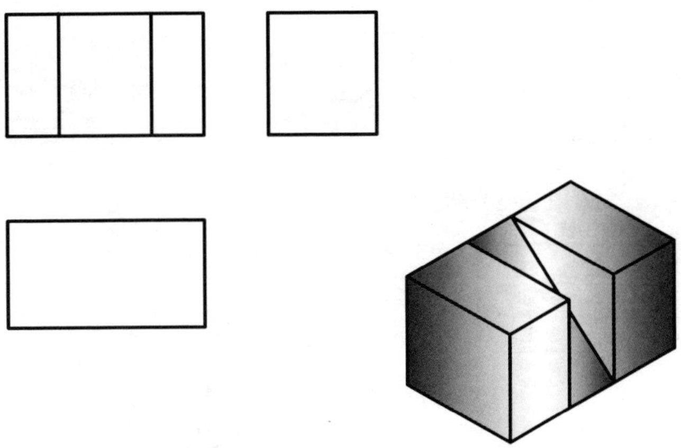

4

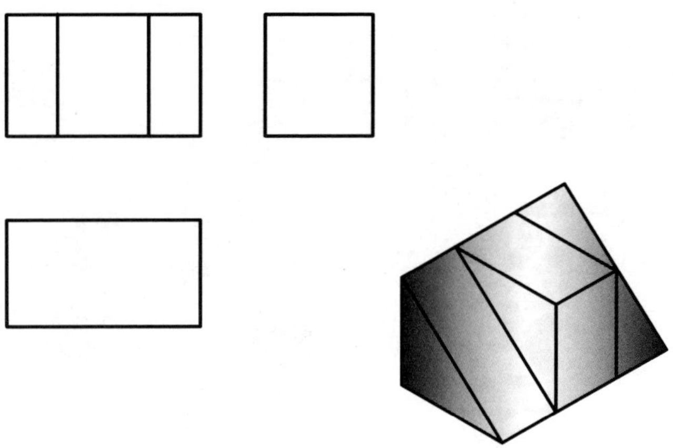

班级　　　　　姓名　　　　　学号

3-4　根据轴测图，补画第三视图

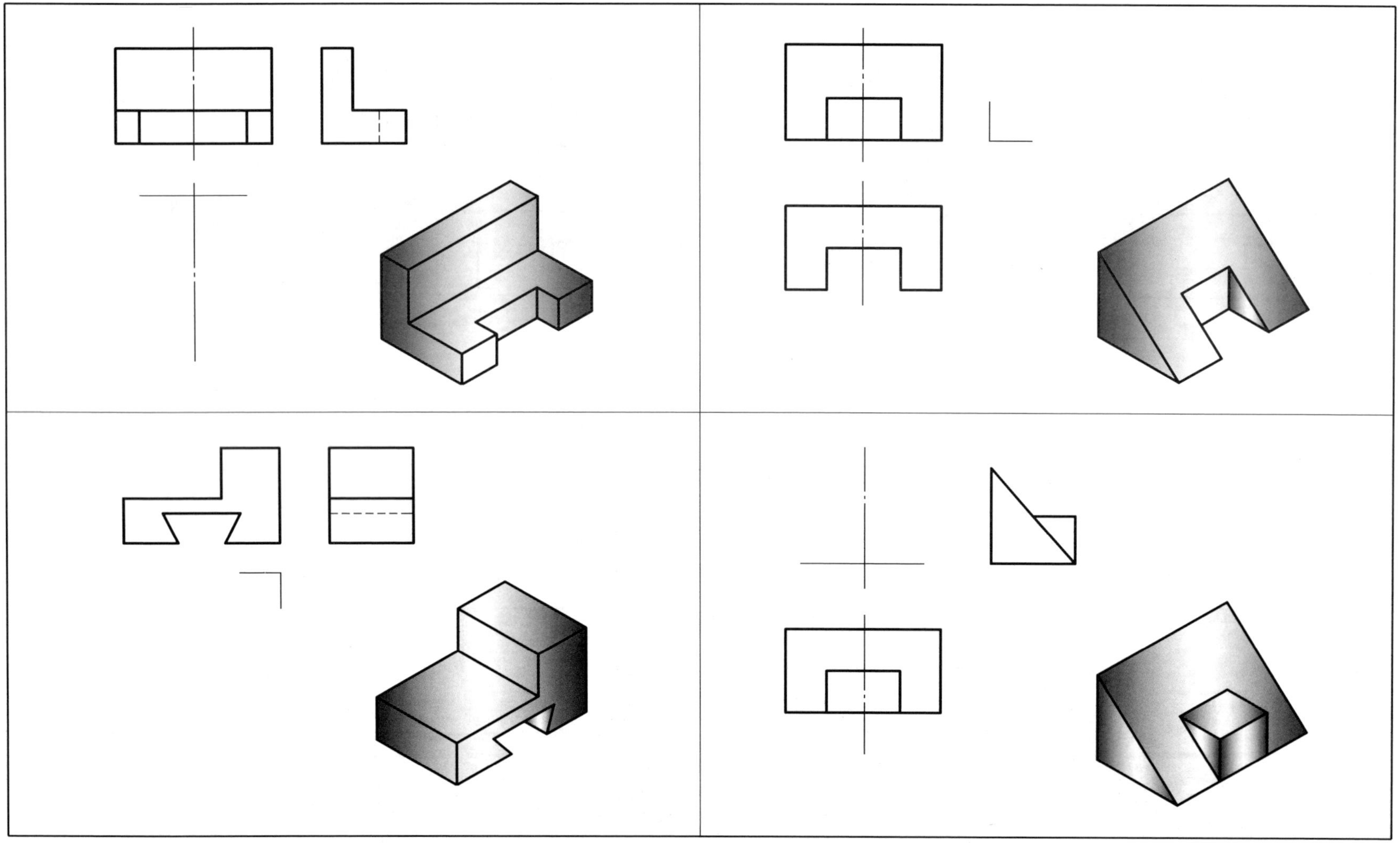

班级　　　　姓名　　　　学号

3-5　看懂三视图，补画视图中所缺的图线

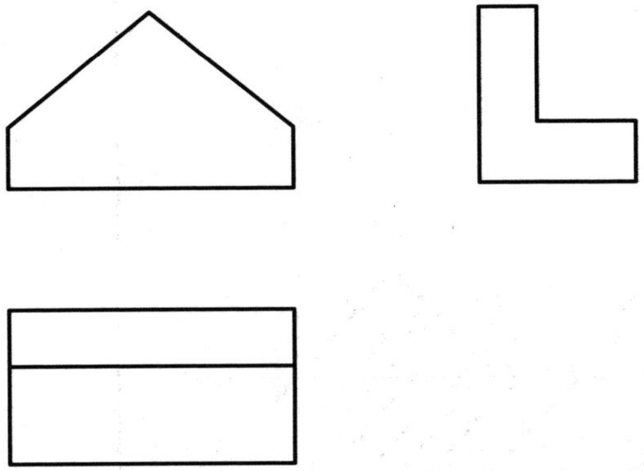

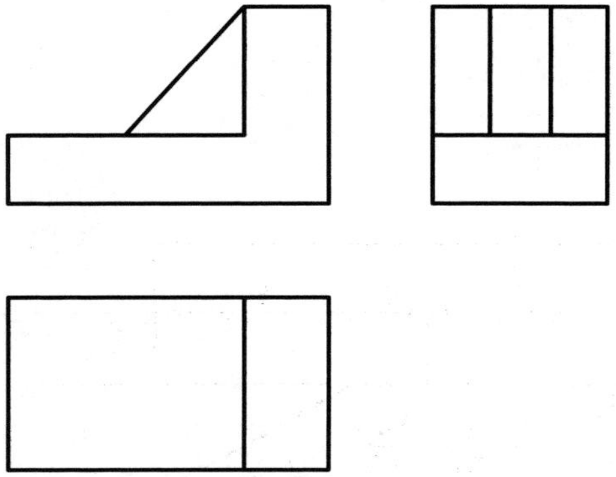

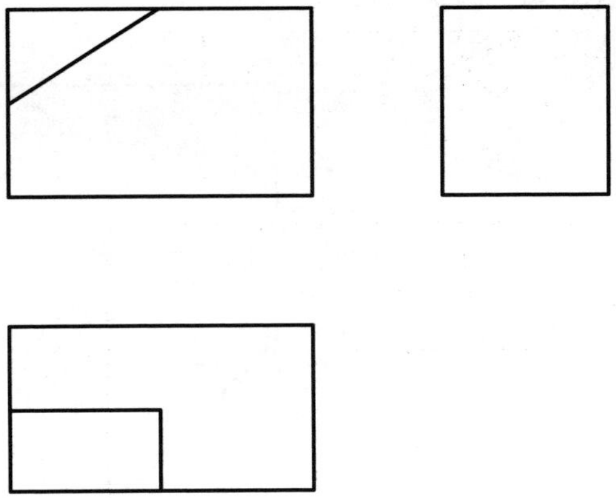

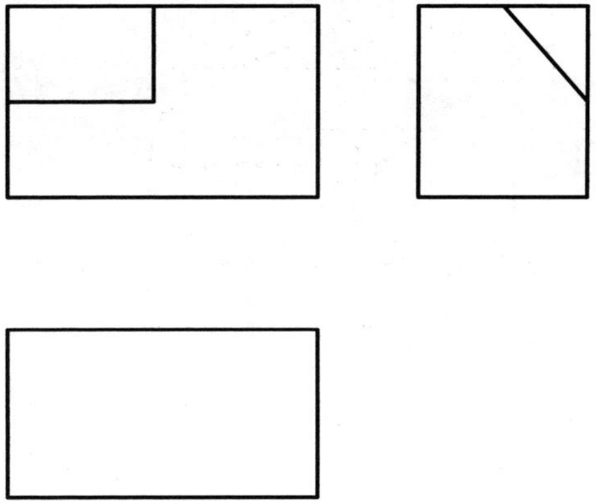

班级　　　　　　姓名　　　　　　学号

3-6 点的投影

1. 已知 A 点和 B 点的两面投影，求另一面投影。

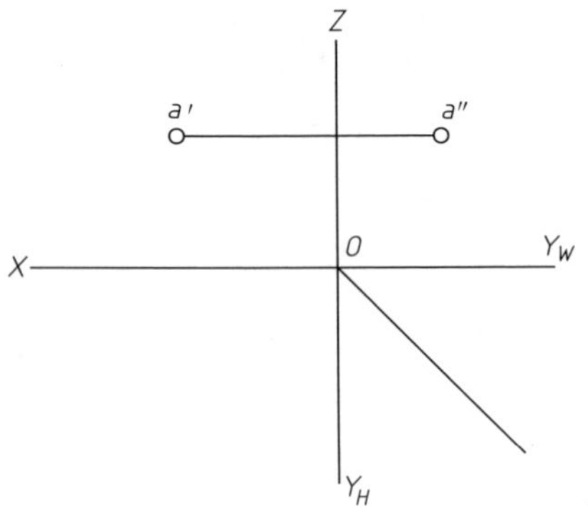

2. 已知 A（15，18，20），画出 A 点的三面投影。

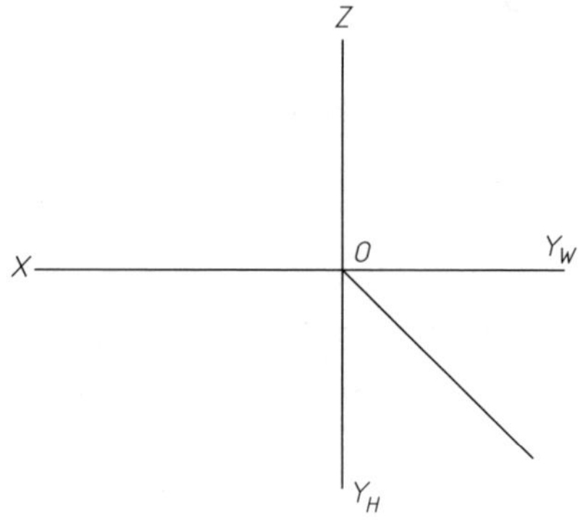

3. 已知 A 点、B 点的一面投影，又知点 A 距 V 面 15，点 B 在 H 面上，求作 A、B 两点的另外两面投影。

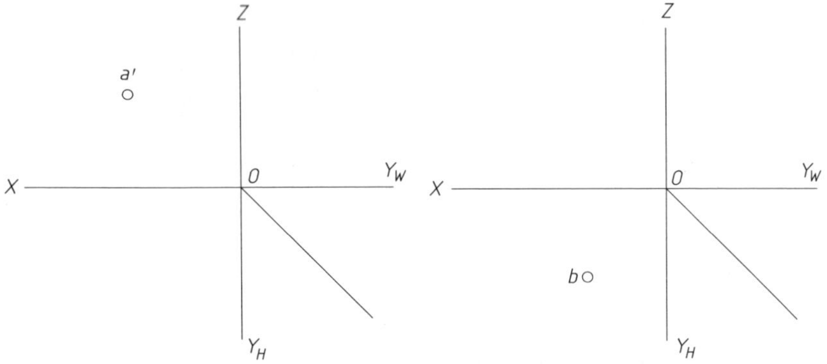

4. 已知点 C（15，0，20）、D（10，15，0），画出 C 点、D 点的投影图和立体图（标出字母）。

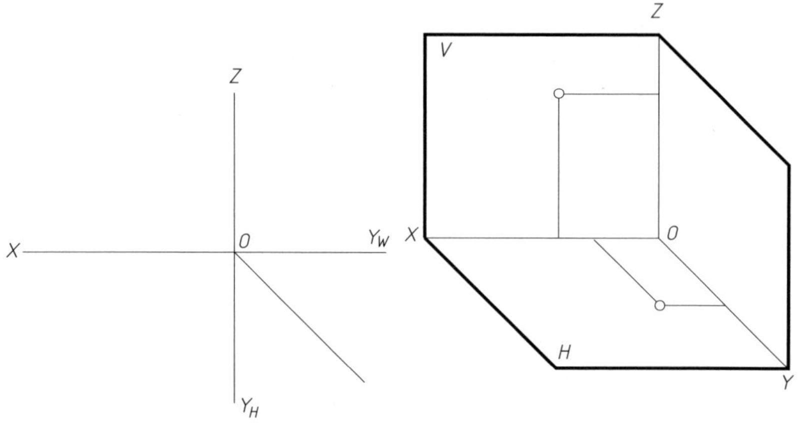

班级　　　　　　姓名　　　　　　学号

3-6　点的投影（续）

5. 已知 A、B、C 各点对投影面的距离，画出它们的投影图和立体图。

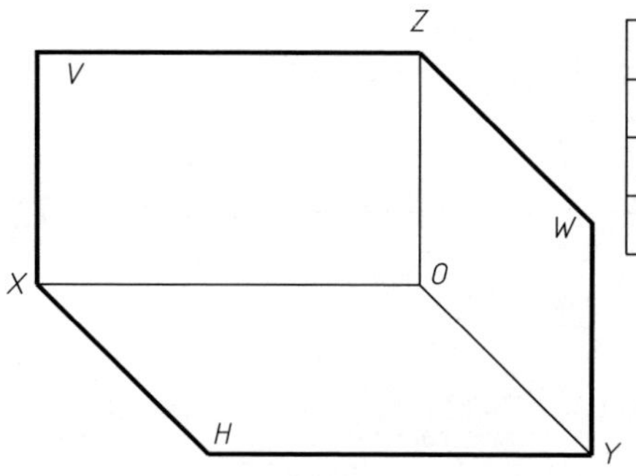

	距V面	距H面	距W面
A	20	10	15
B	0	20	10
C	0	0	20

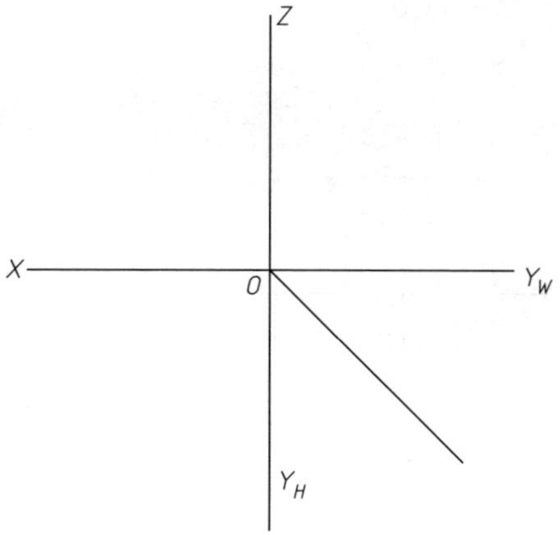

6. 已知各点的坐标为 A（20，12，10）、B（15，18，18）、C（6，6，24），作出它们的三面投影，并判断两点的相对位置。

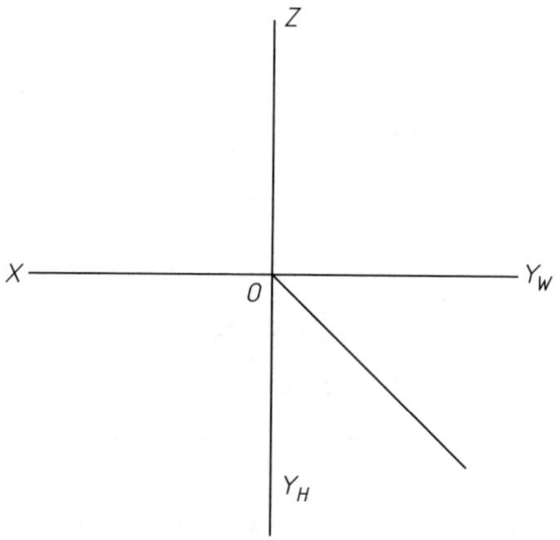

点 B 在点 A 的________、________、________。

点 B 在点 C 的________、________、________。

点 C 在点 A 的________、________、________。

班级　　　　　　姓名　　　　　　学号

3-6 点的投影（续）

7. 已知 A 点距 V 面 15，距 H 面 20，距 W 面 25，求其三投影。

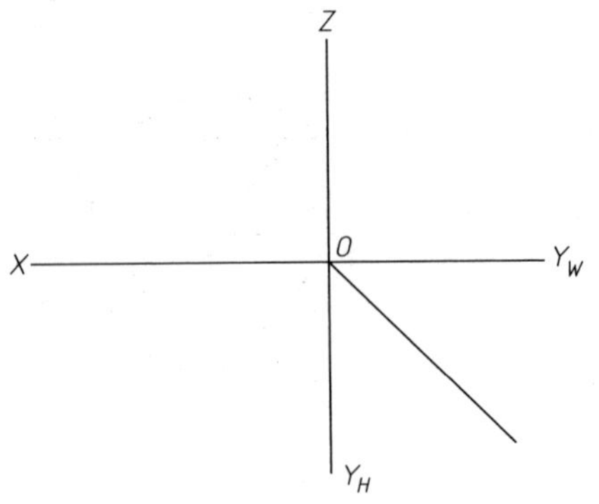

8. 已知 A 点的正面投影和 B 点的侧面投影，A 点距 V 面 15，B 点在 W 面上，求作 A 点和 B 点的另两面投影。

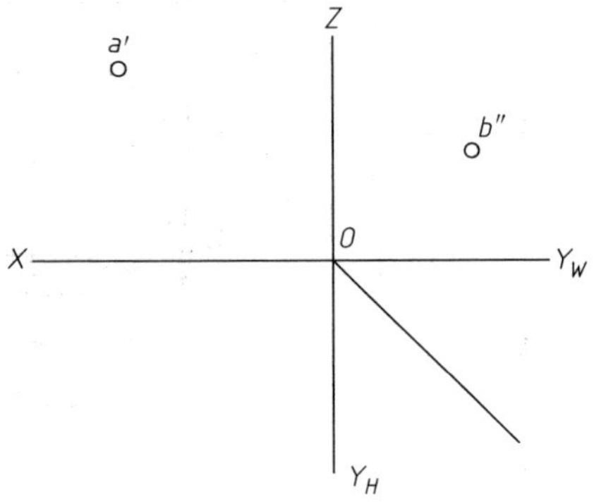

9. B 点在 A 点的右 5、下 8、后 10 处，求作 B 点的三面投影。

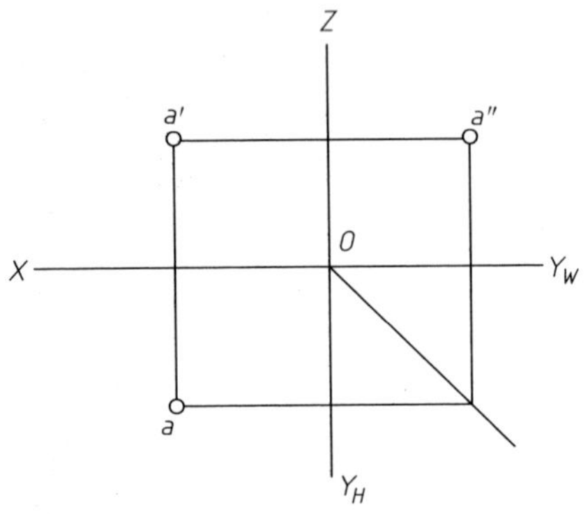

10. 说明 B、C 两点相对 A 点的位置。

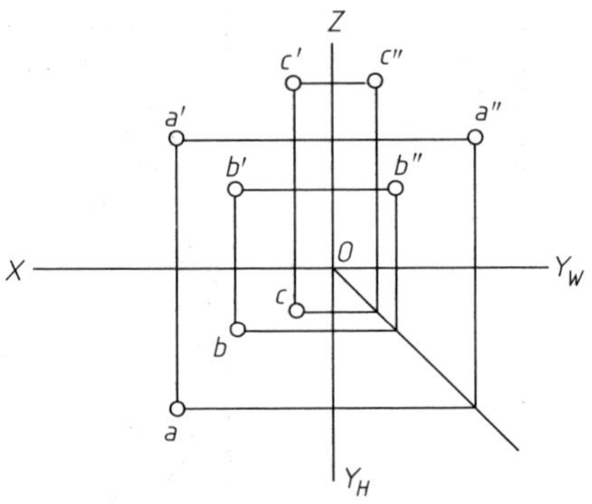

B 点在 A 点的____、____、____方；C 点在 A 点____、____、____方。

班级　　　　　　姓名　　　　　　学号

3-7 直线的投影

1. 判断下列直线的空间位置。

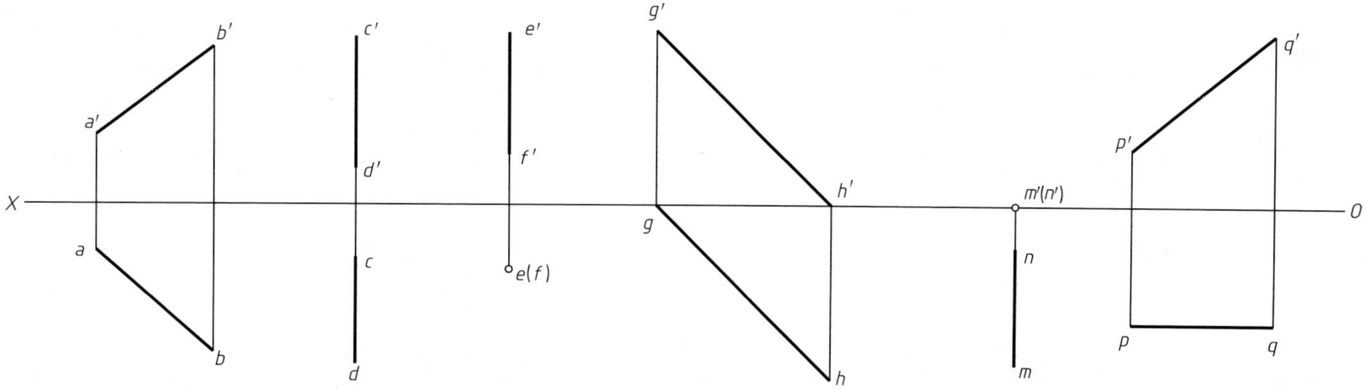

(　　)　(　　)　(　　)　(　　)　(　　)　(　　)

2. 根据已知条件求直线的另两面投影。

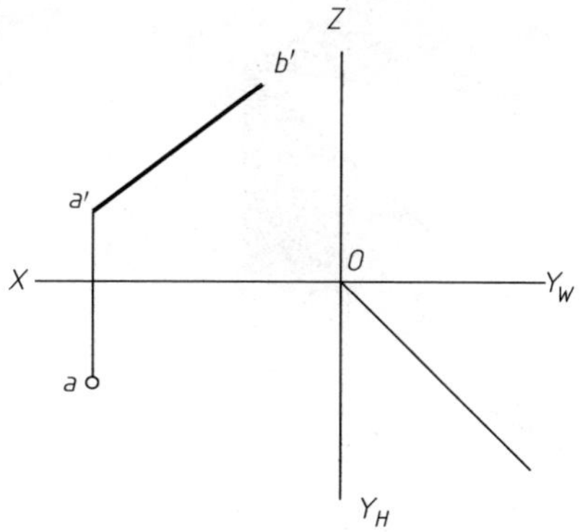

（1）已知 AB 平行于 V 面

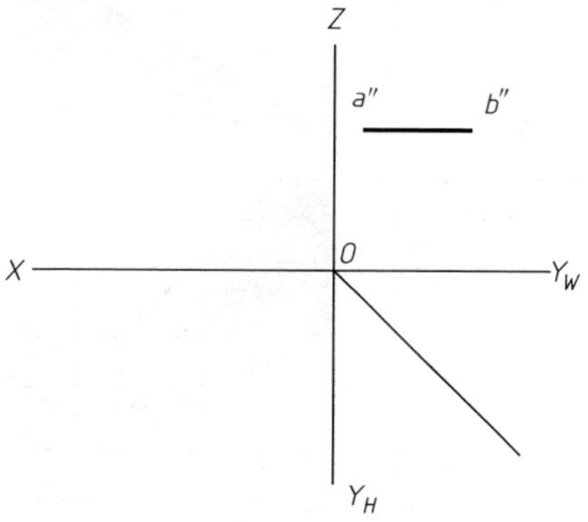

（2）已知 AB 垂直于 V 面，距 W 面 15

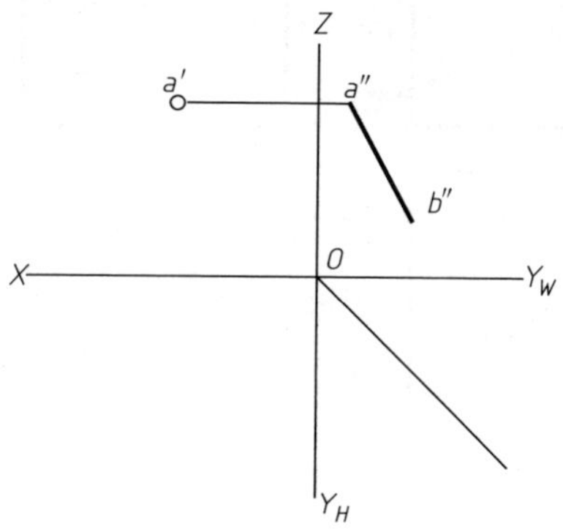

（3）已知 AB 平行于 W 面

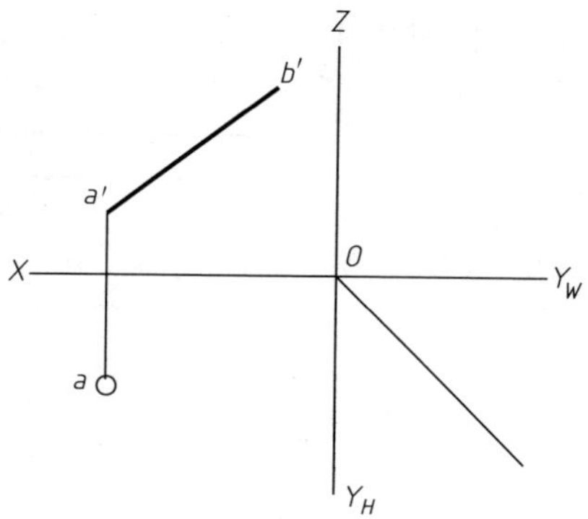

（4）已知 B 点在 V 面上

班级　　　　姓名　　　　学号

3-7 直线的投影（续）

3. 已知直线的两面投影求其第三面投影。

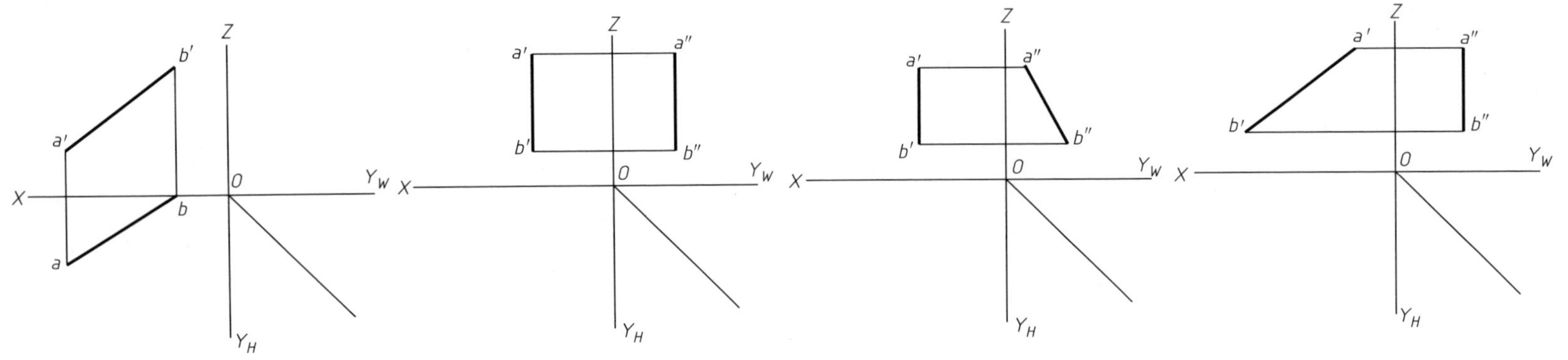

4. 根据立体图，补画三视图中漏线，标出字母并填空。

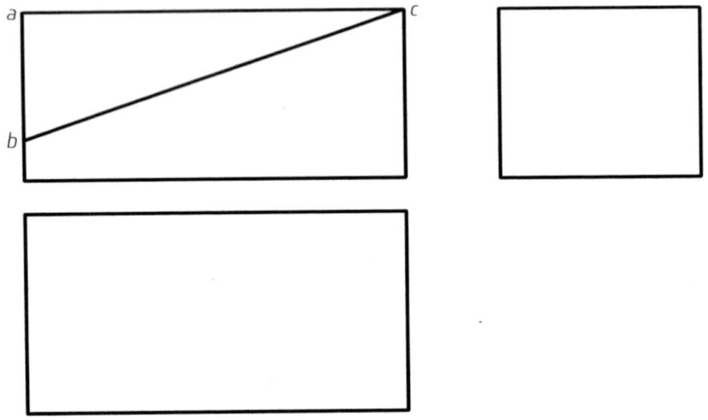

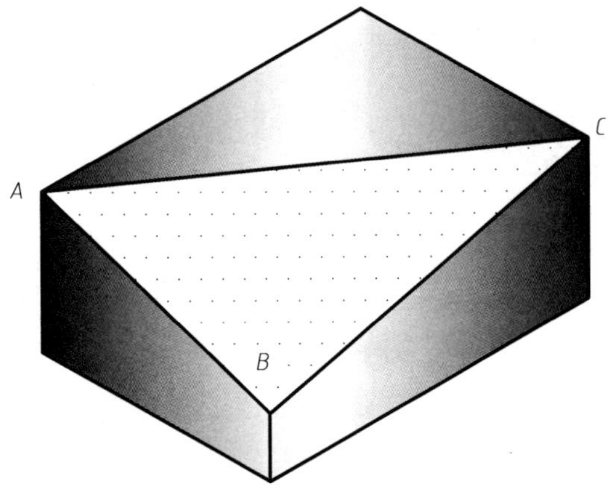

AB 是________线，*BC* 是________线，*CA* 是________线。

班级　　　　姓名　　　　学号

3-8 平面的投影

1．补画平面的第三面投影，并判别平面的空间位置。

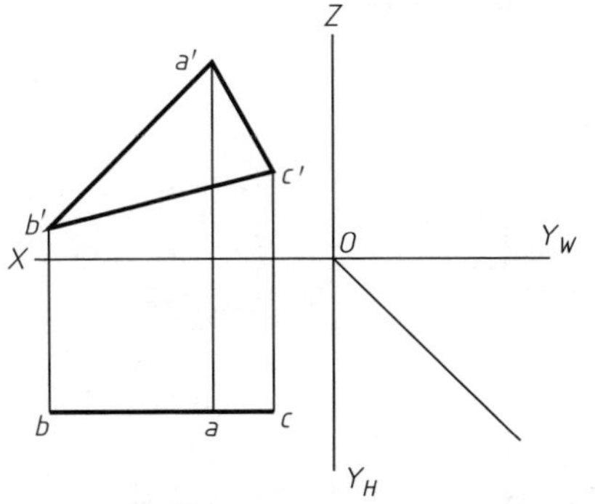

ABC 面是________面

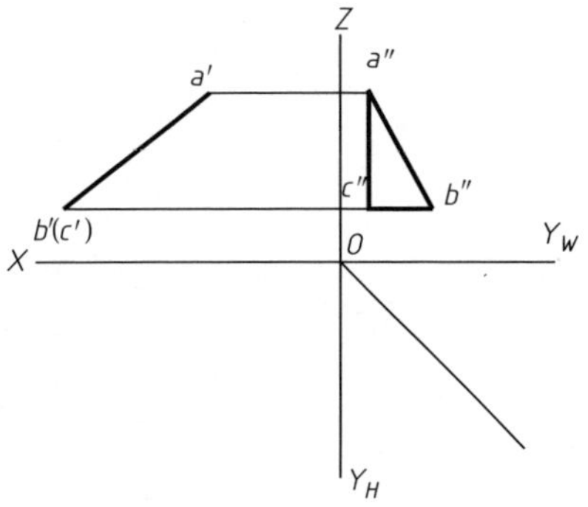

ABC 面是________面

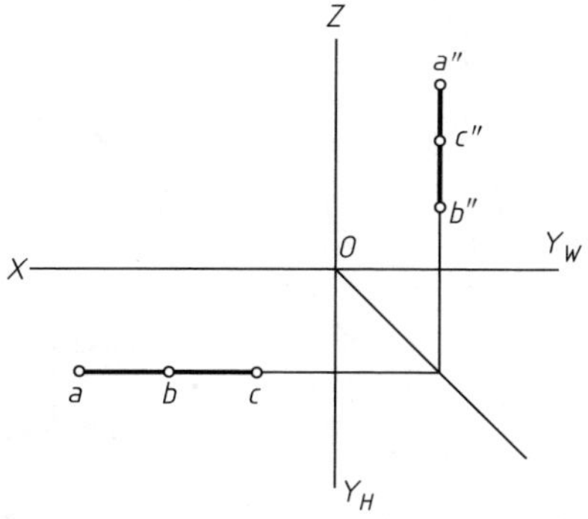

ABC 面是________面

2．根据立体平面上标出的平面 A、B、C、D，在投影面上分别标出相应的字母（参照平面 B），并判断这些平面是何种平面。

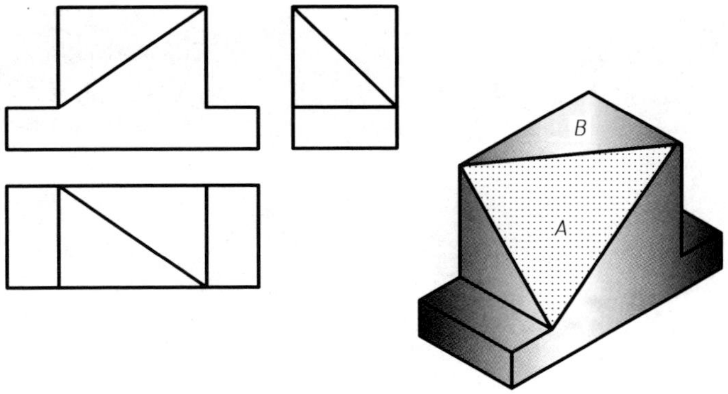

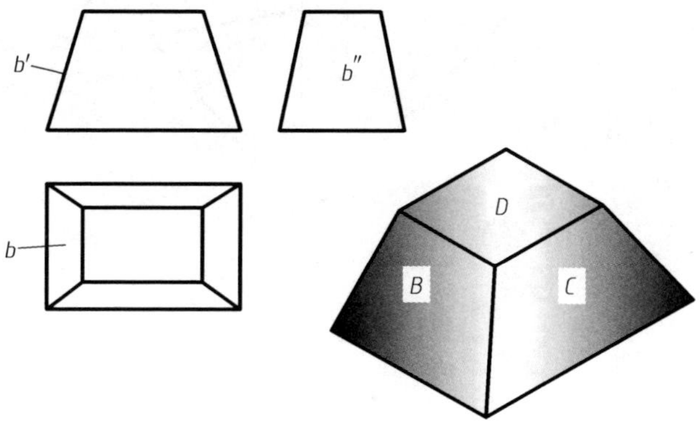

A 是________面　　B 是________面　　C 是________面　　D 是________面

班级　　　　姓名　　　　学号

3. 判断点 K 是否在△ABC 上。

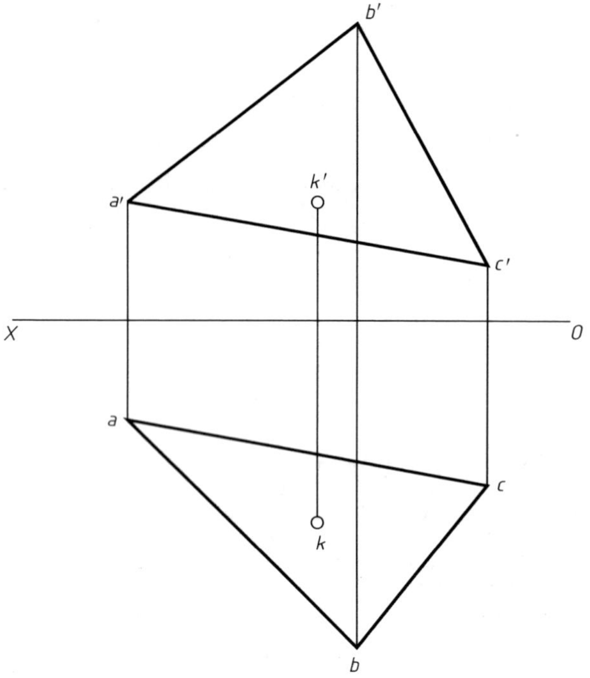

4. 判断点 A、B、C、D 是否在同一平面上。

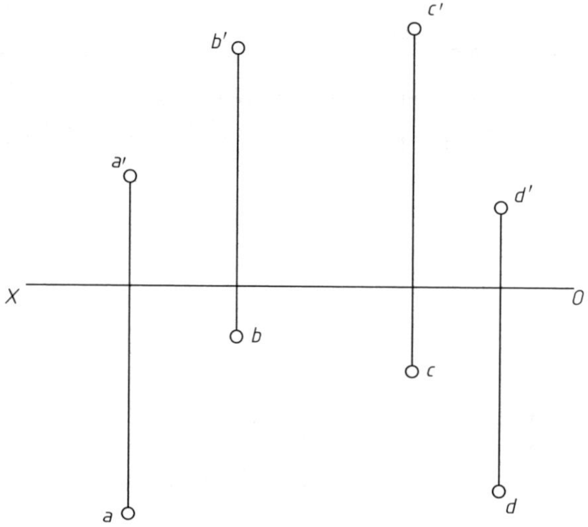

班级 姓名 学号

3-8 平面的投影（续）

5

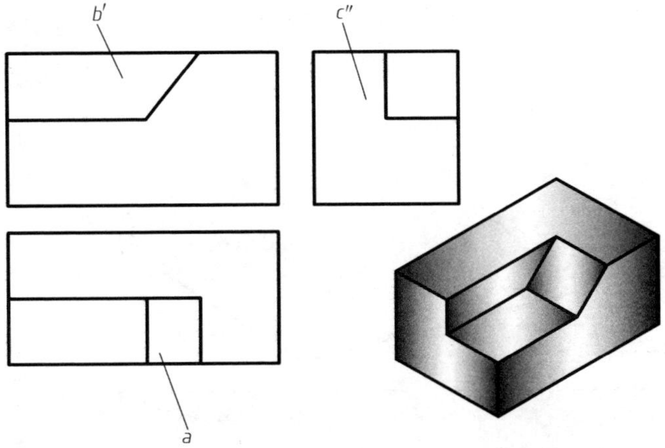

A 面是________ *B* 面是________ *C* 面是________

6

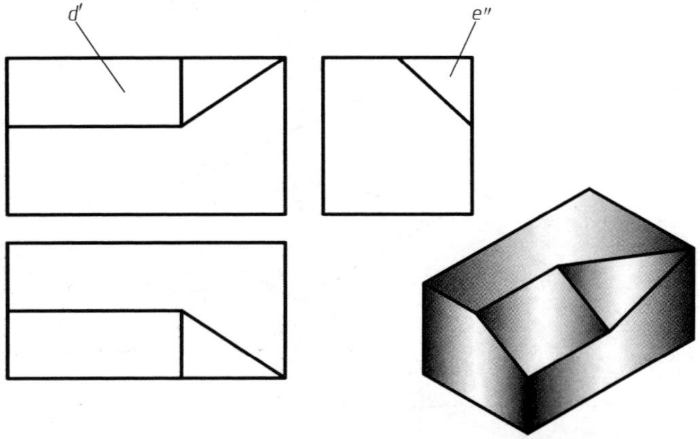

D 面是________ *E* 面是________

7

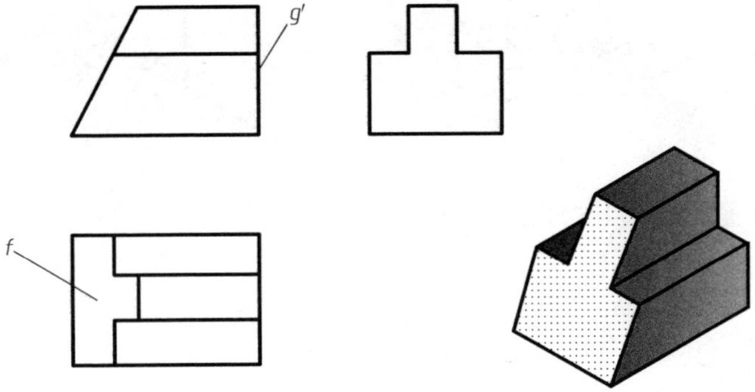

F 面是________ *G* 面是________

8

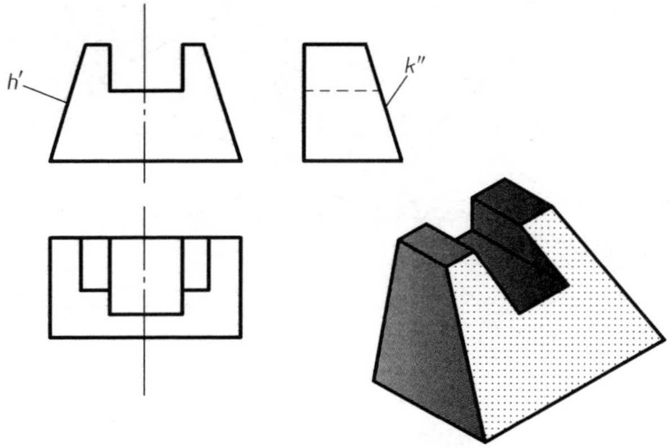

H 面是________ *K* 面是________

班级 姓名 学号

9．作出四边形 $ABCD$ 上的△EFG 的水平投影。

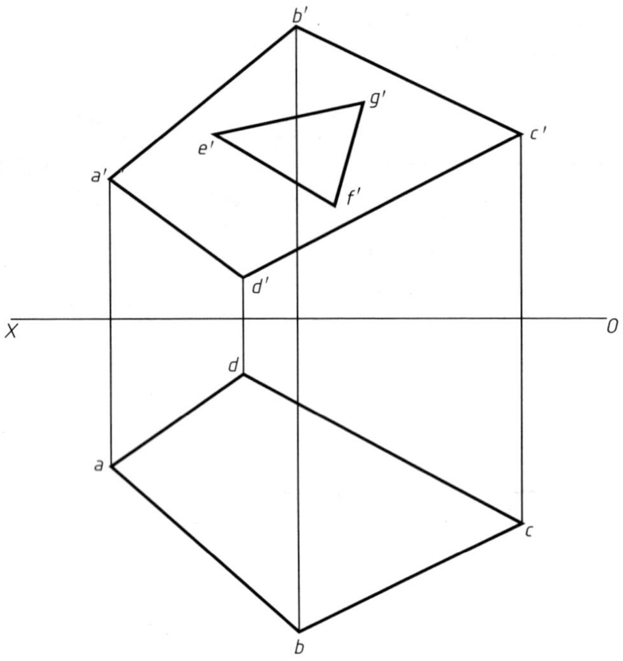

10．补全平面图形 $ABCDE$ 的两面投影。

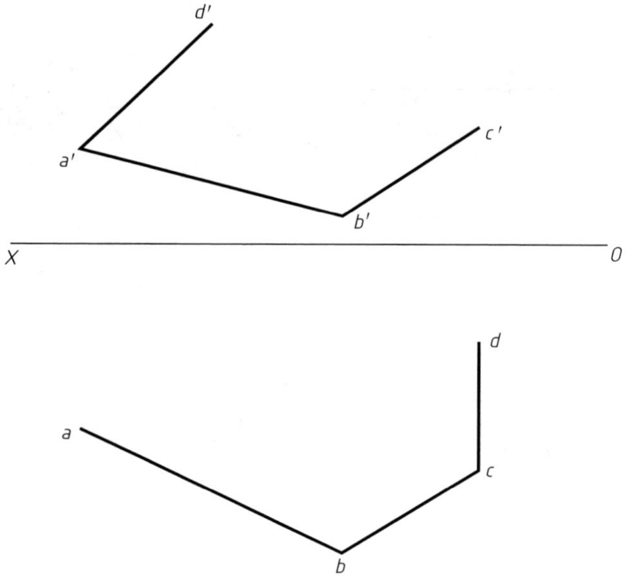

班级 姓名 学号

3-9 平面立体及其表面上的点和线

1. 作三棱柱的侧面投影，并作出表面上的折线 $ABCDE$ 的水平投影和侧面投影。

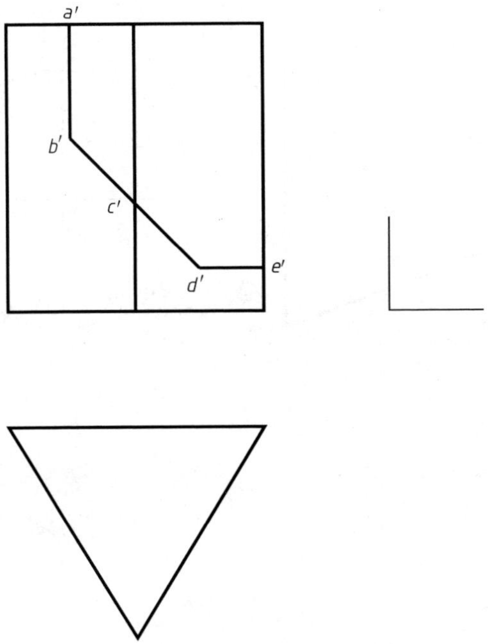

2. 作三棱锥的水平投影，并作出表面上的折线 ABC 的侧面投影和水平投影。

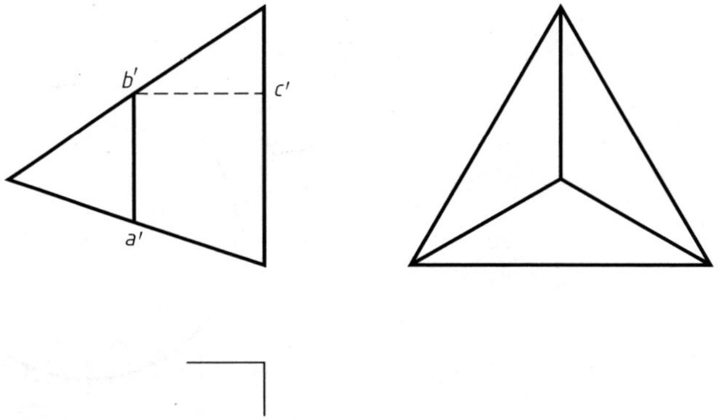

班级　　　　　　姓名　　　　　　学号

3-10　曲面立体及其表面上的点和线

1. 完成下列回转体的投影，并作出其表面上各点和线的另二面投影。

（1）

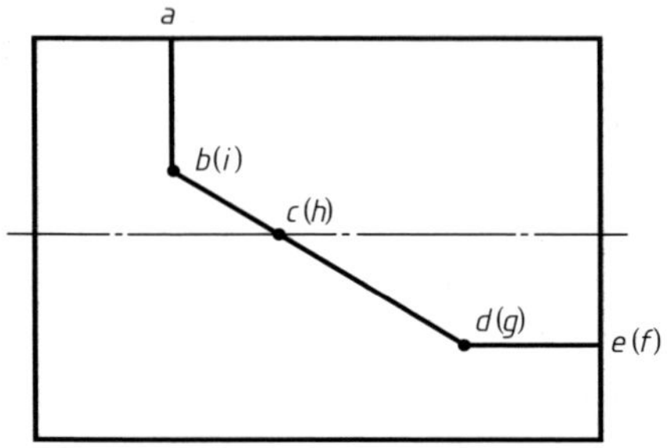

（2）

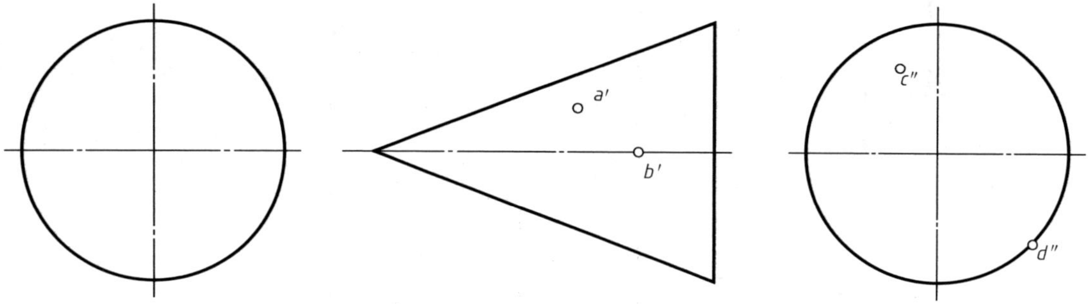

班级　　　　　　　　姓名　　　　　　　　学号

2. 完成下列回转体的投影，并作出其表面上各点和线的另二面投影。

(1)

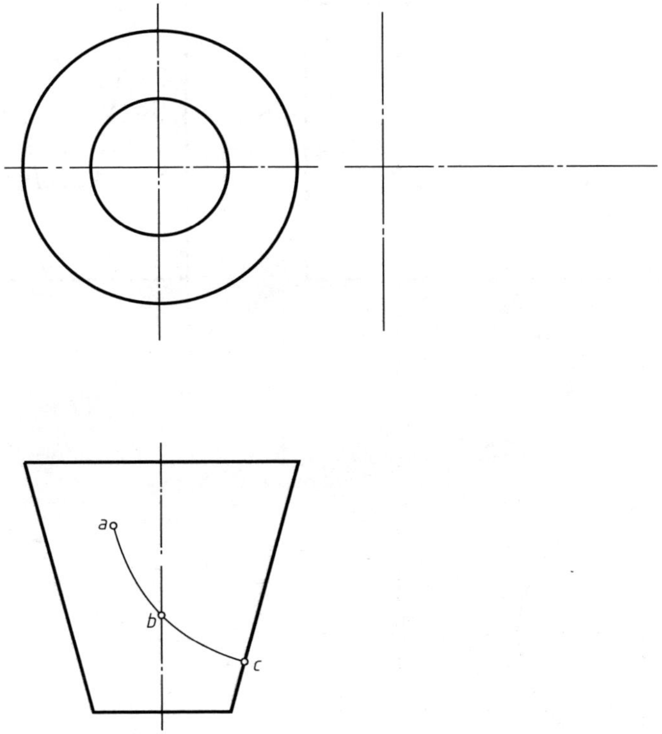

(2)

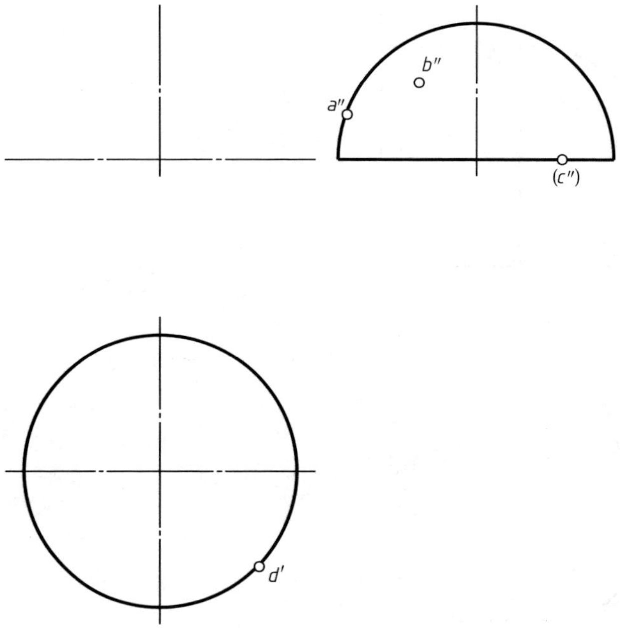

班级　　　　姓名　　　　学号

3-11　平面与平面立体相交

1. 作正垂面截断五棱柱的侧面投影，并补全其水平投影。

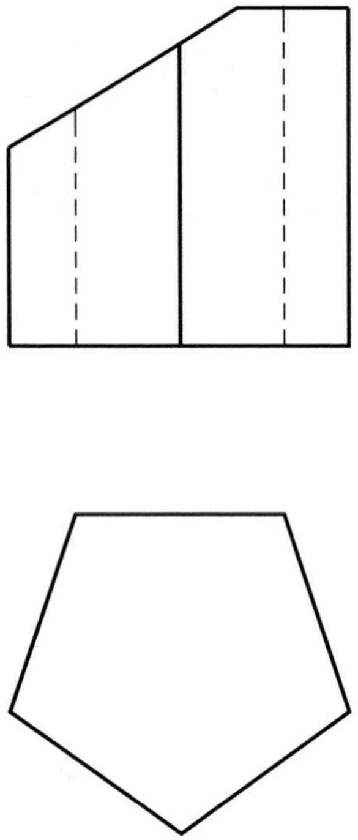

2. 作顶部具有通槽的四棱柱左端被正垂面截断后的水平投影。

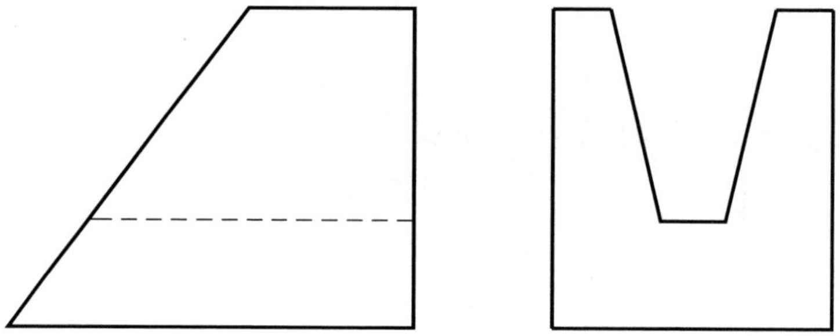

班级　　　　　　姓名　　　　　　学号

3-12 平面与平面立体表面相交

1. 补全楔形块切割后的侧面投影和水平投影。

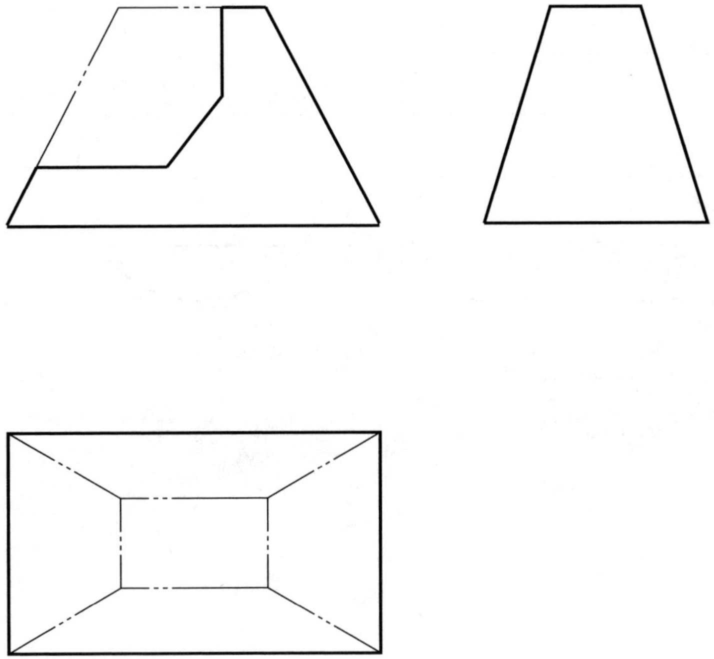

2. 补全具有矩形穿孔的三棱柱的侧面投影。

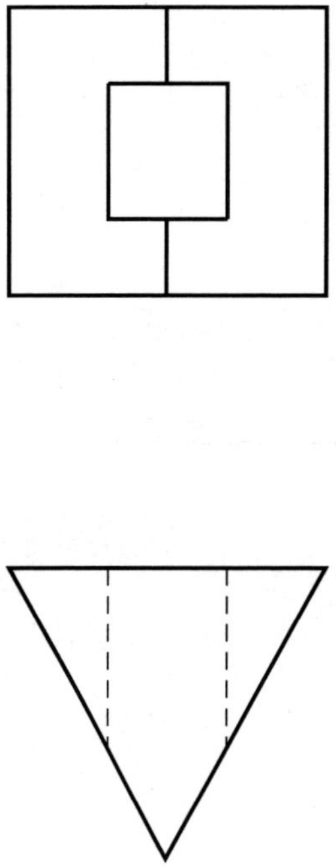

班级 姓名 学号

3-13　平面与回转体相交

1. 分析截交线，补全被截切圆柱体的第三面投影。

（1）

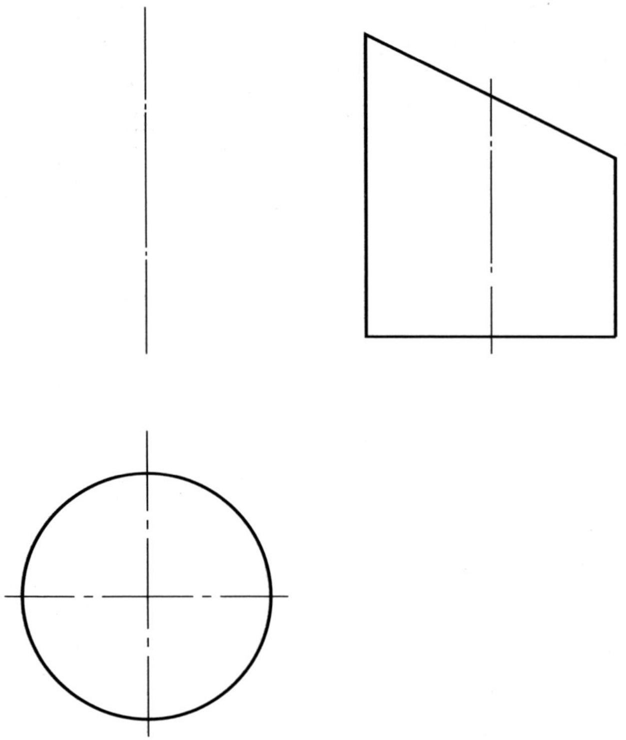

（2）

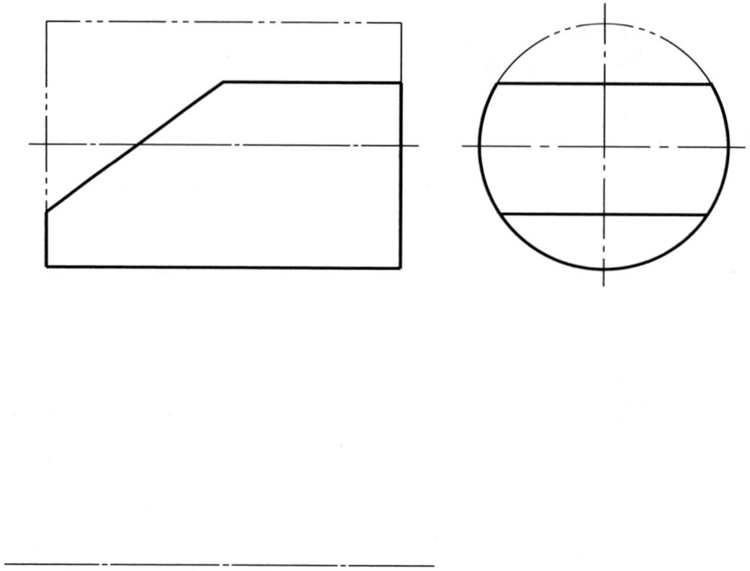

班级　　　　　　姓名　　　　　　学号

2. 分析截交线，补画被截切圆柱体的第三视图。

（1）

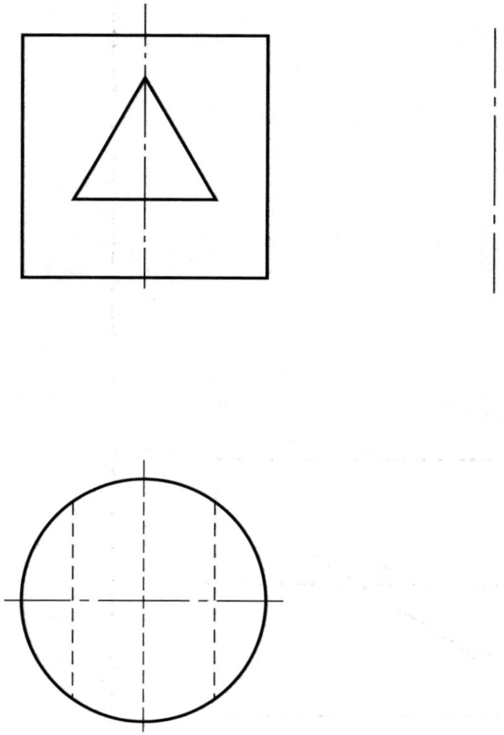

（2）

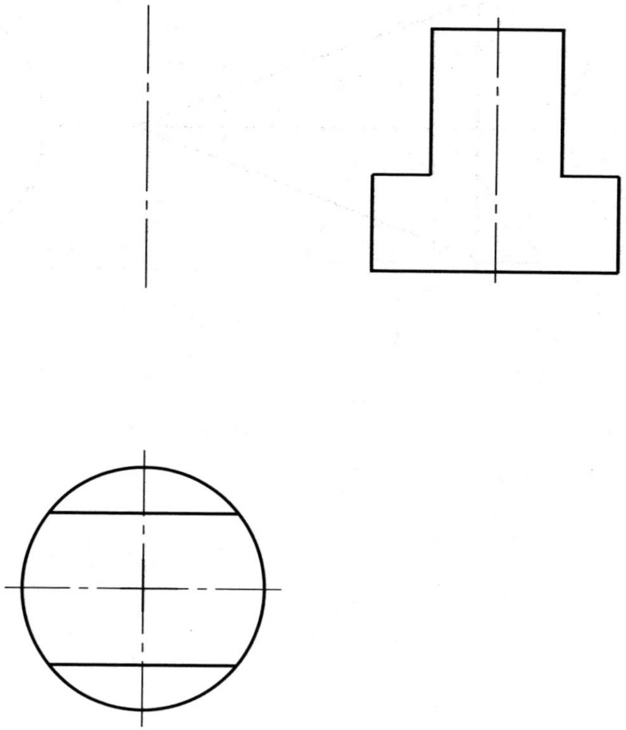

班级　　　　姓名　　　　学号

3-13　平面与回转体相交（续）

3. 分析截交线，补全被截切圆锥体的另二面投影。

（1）

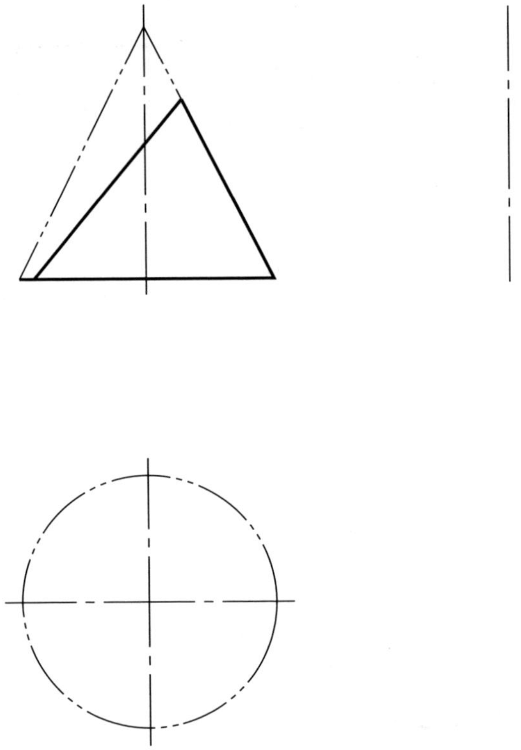

（2）*

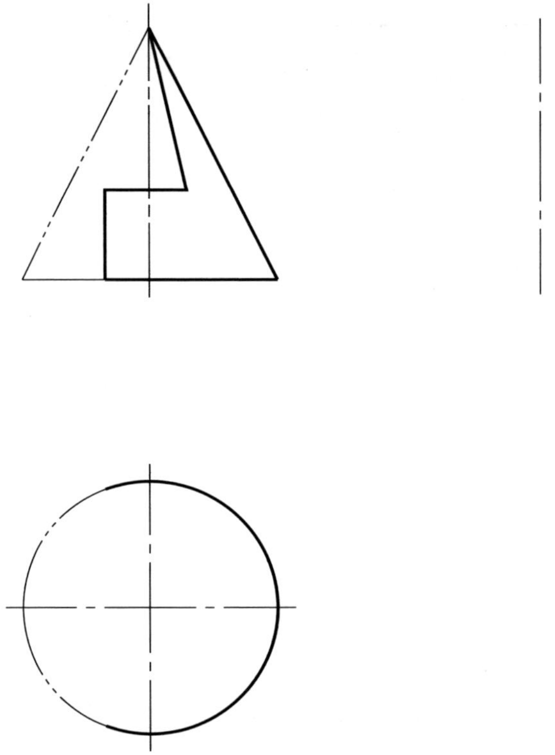

班级　　　　姓名　　　　学号

4. 分析截交线，补全被截切圆锥体的另二面投影。

（1）

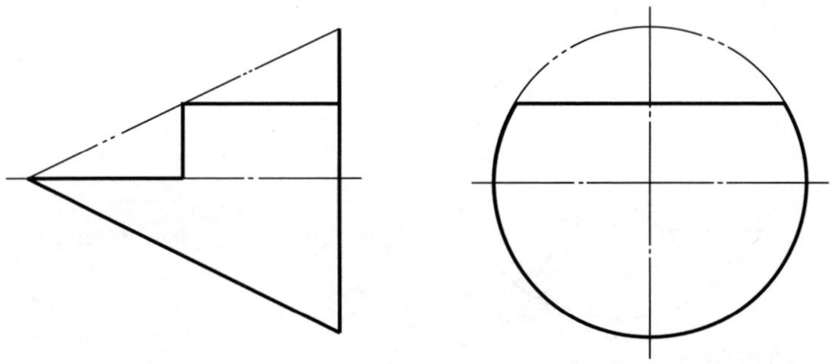

（2）*

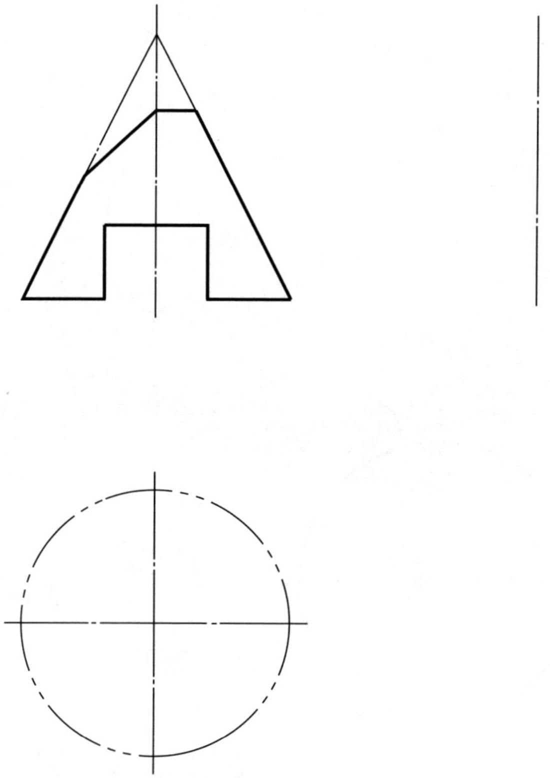

班级　　　　姓名　　　　学号

5. 分析截交线，补全被截切圆球体的另二面投影。

（1）

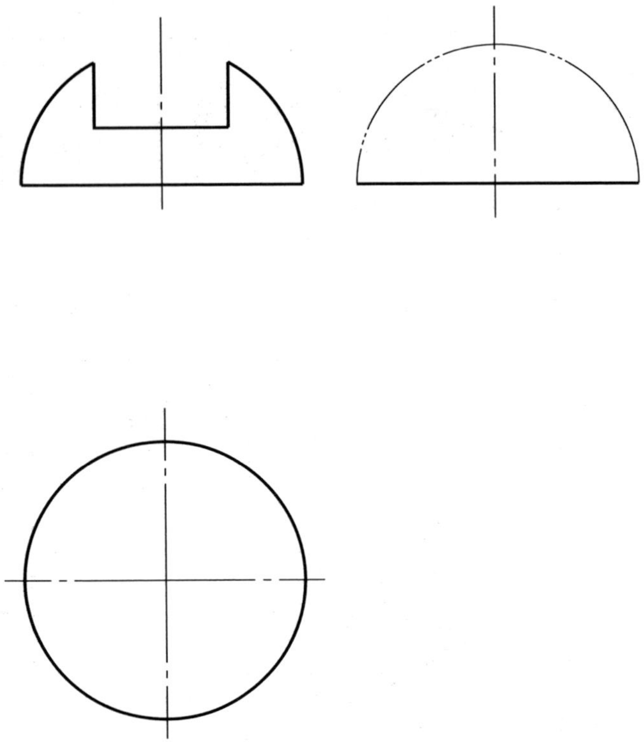

（2）*

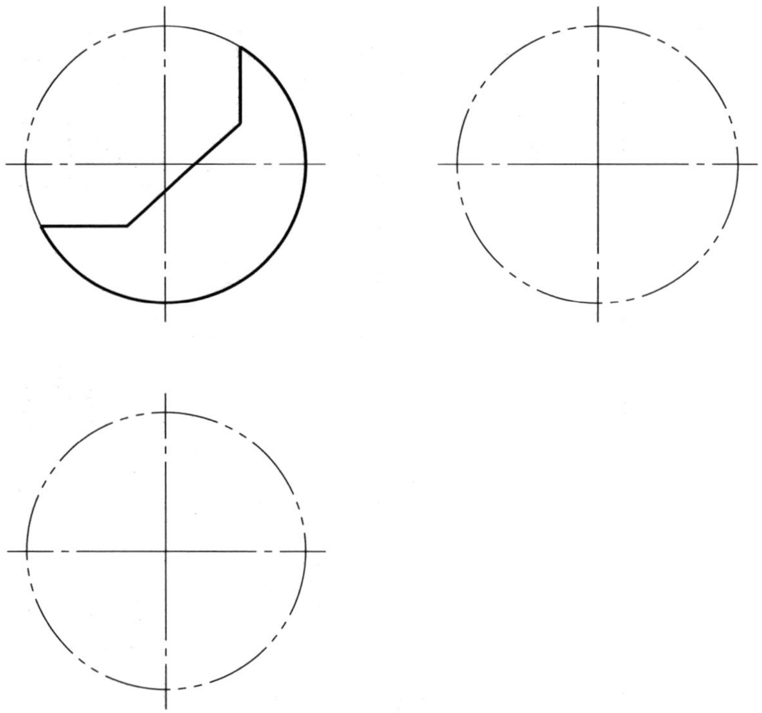

班级　　　　姓名　　　　学号

3-13 平面与回转体相交（续）

6. 分析截交线，补全被截切组合回转体的第三面投影。

(1)*

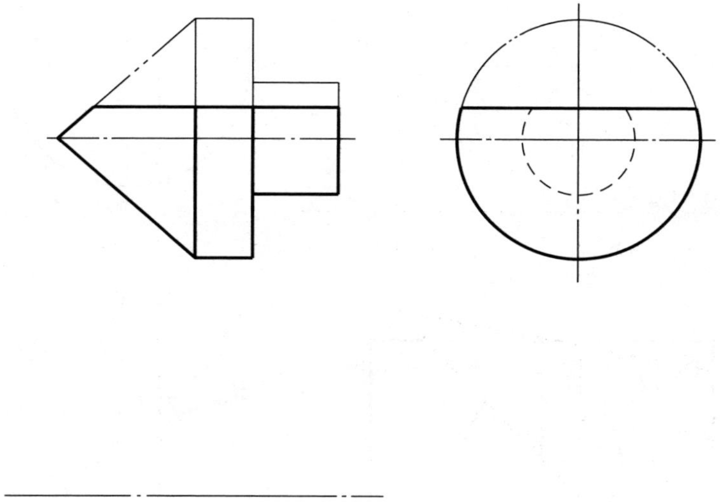

(2)*

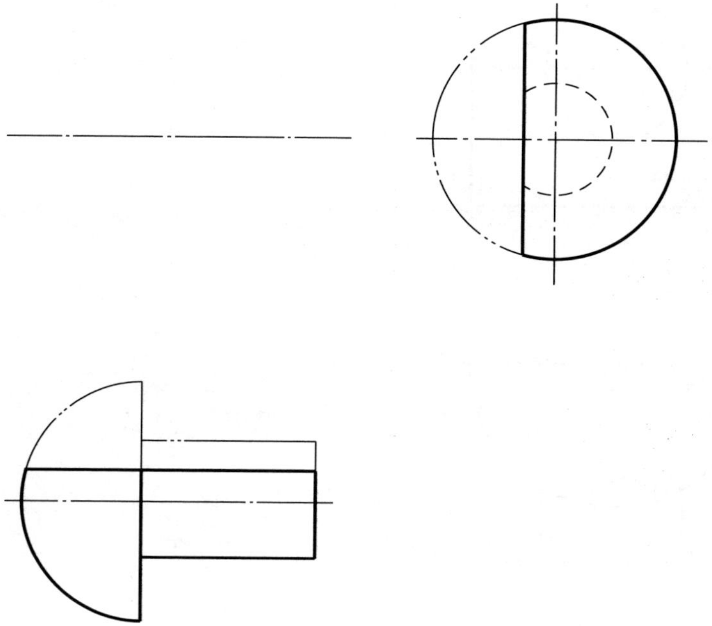

班级　　　　姓名　　　　学号

3-14　补全相贯立体的三视图

1. 补全侧面投影。

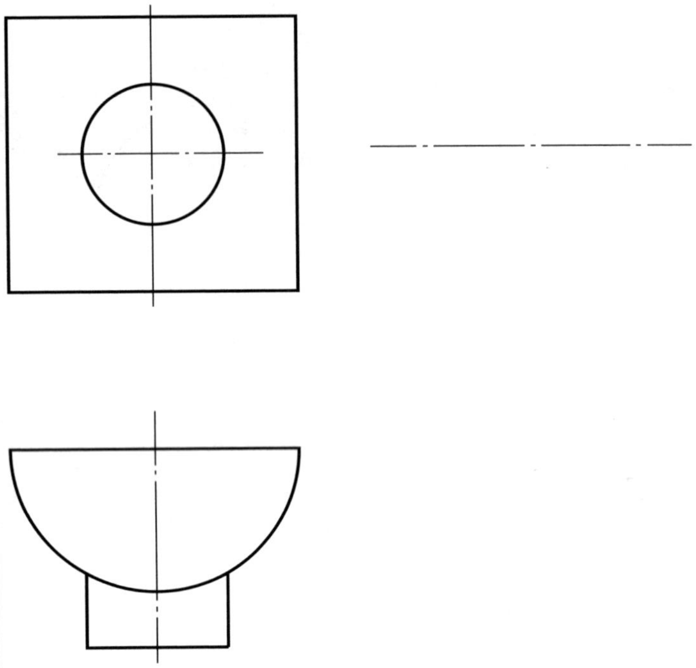

2. 补全正面投影。

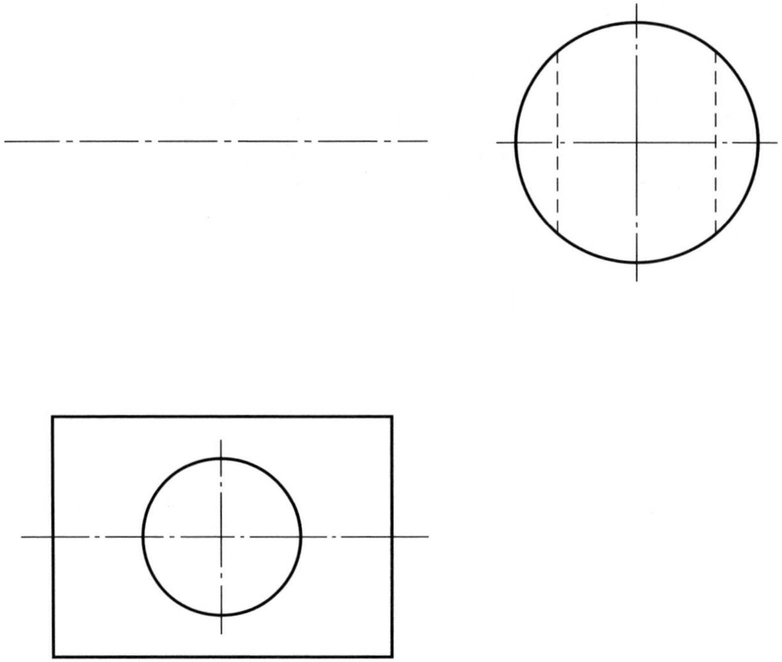

班级　　　　　　姓名　　　　　　学号

3-14　补全相贯立体的三视图（续）

3. 补全相贯体的投影。

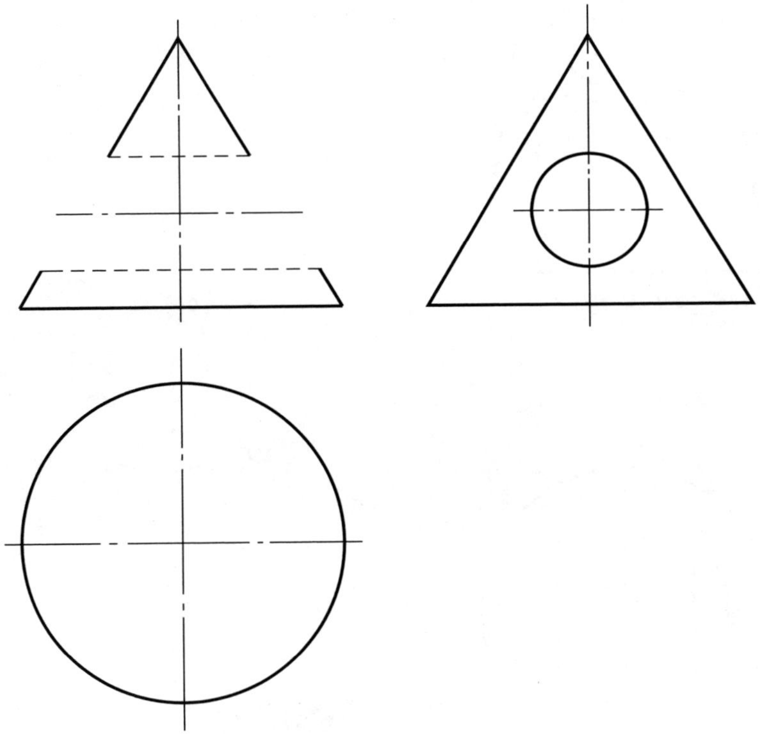

4. 补全正面投影。

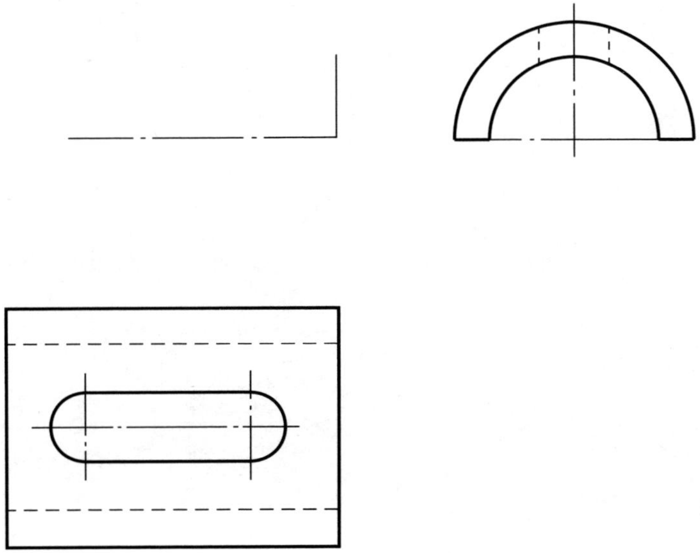

班级　　　　　　姓名　　　　　　学号

5. 补全相贯体的第三面投影。

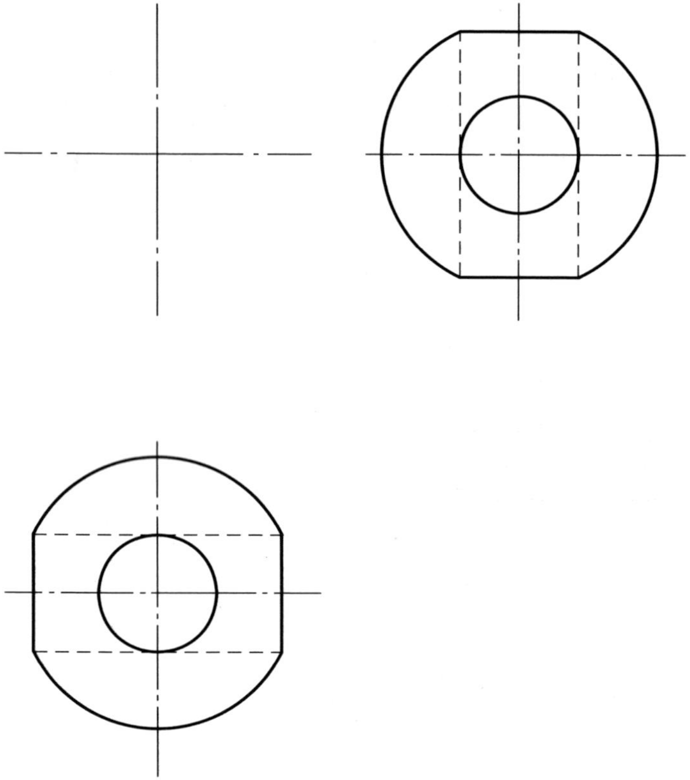

6*. 补全相贯体的另二面投影。

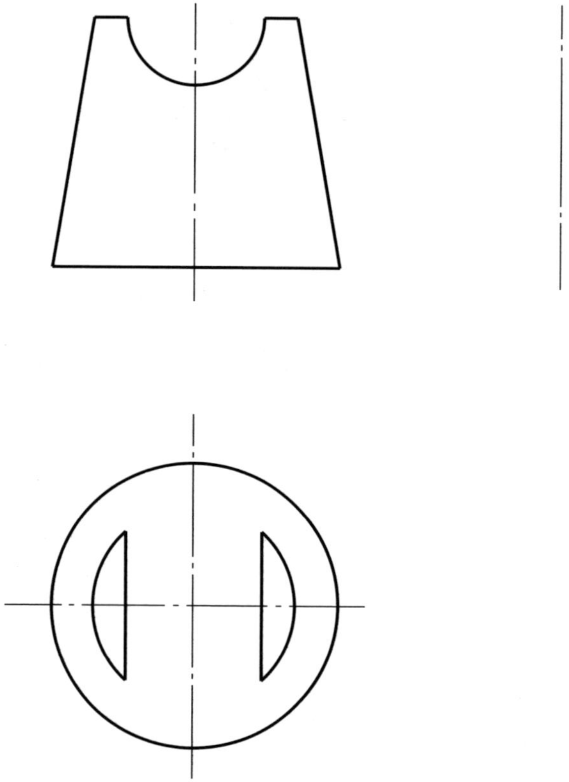

班级 姓名 学号

3-14　补全相贯立体的三视图（续）

7*. 补全相贯体的相贯线。

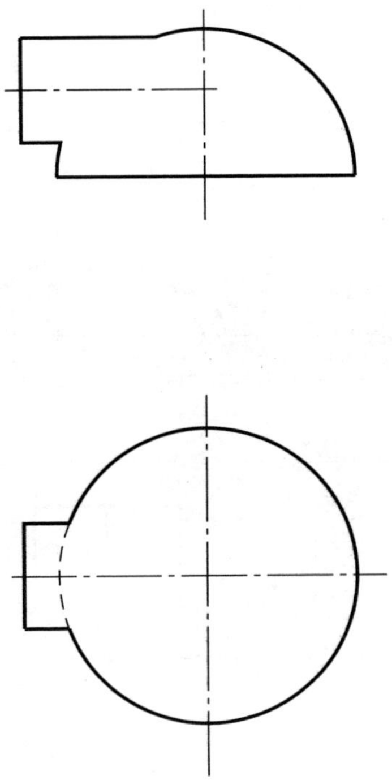

8*. 补画左视图。

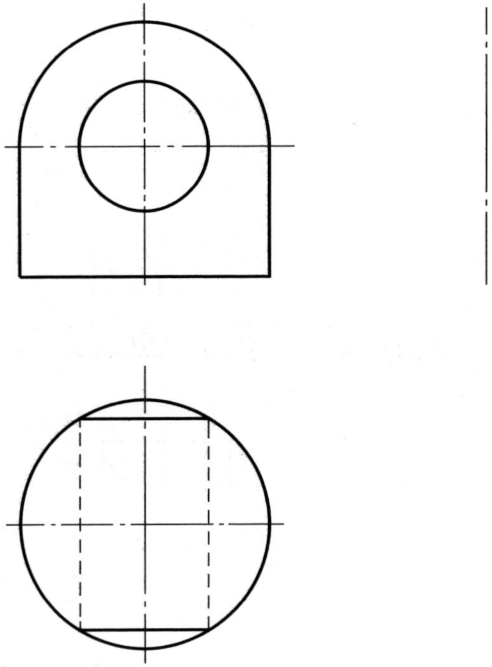

班级　　　　　　姓名　　　　　　学号

模块四　组　合　体

4-1　补画下列组合体表面的交线（均为通孔或通槽）

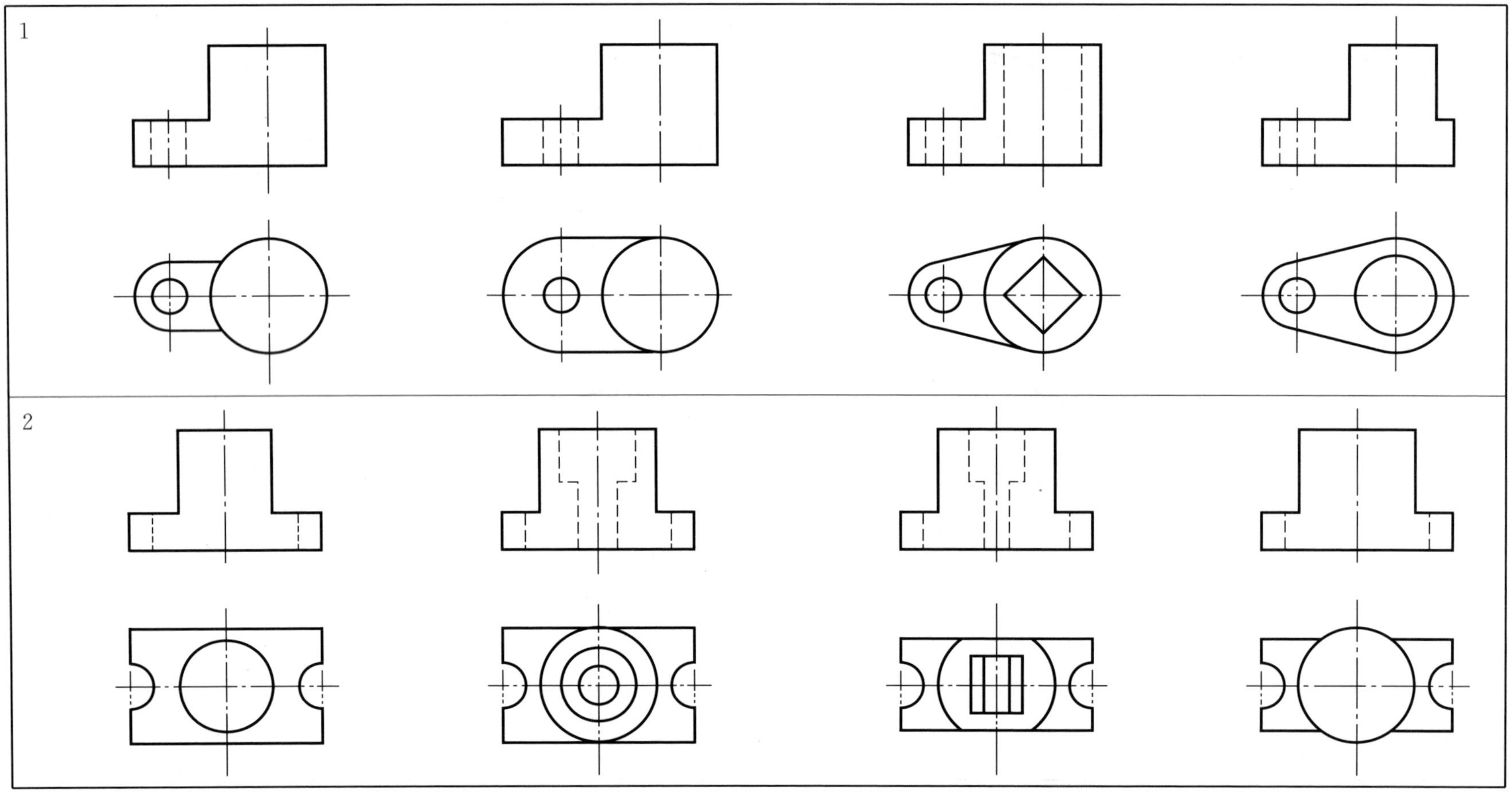

班级　　　　　　姓名　　　　　　学号

4-2 **运用形体分析法画组合体的三视图**（尺寸按比例 1∶1 从轴测图中量取）

1

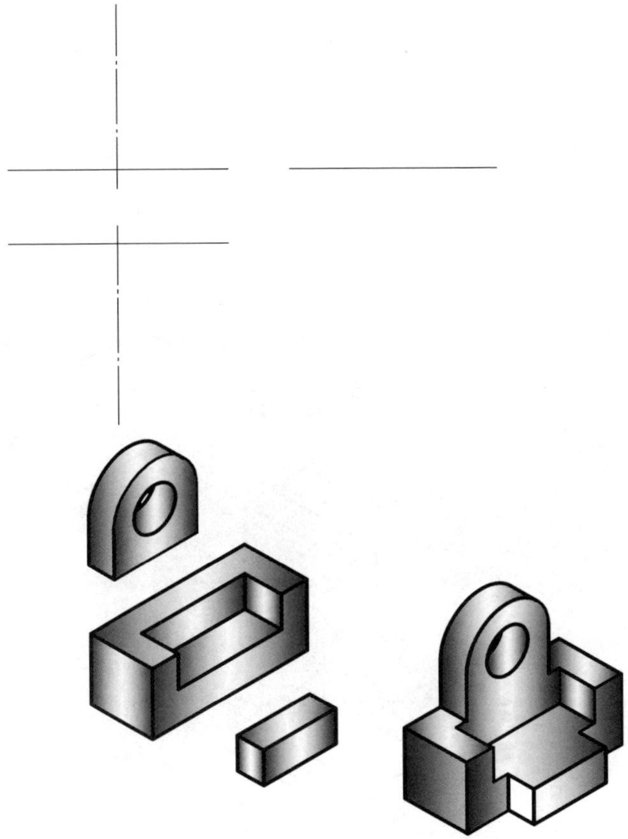

2

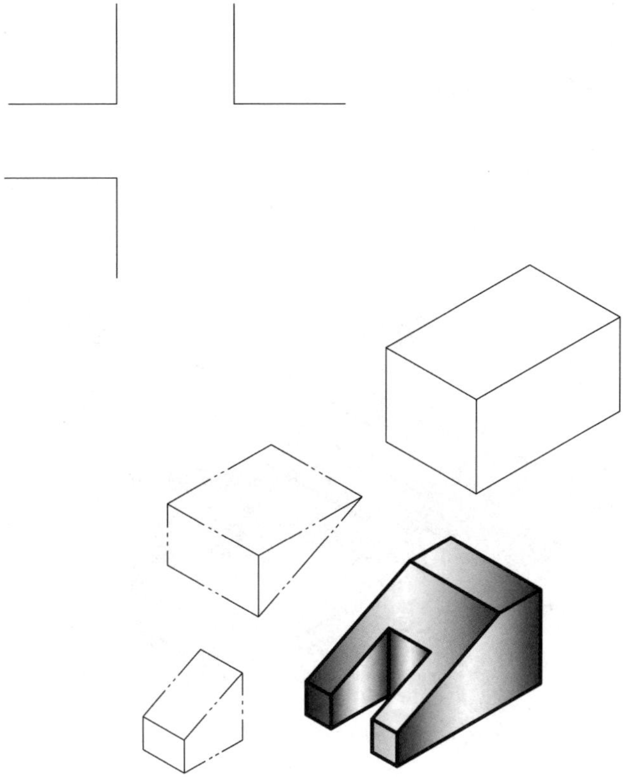

班级　　　　　　　　姓名　　　　　　　　学号

4-3 由轴测图画组合体的三视图（按比例 1∶1绘制）

1

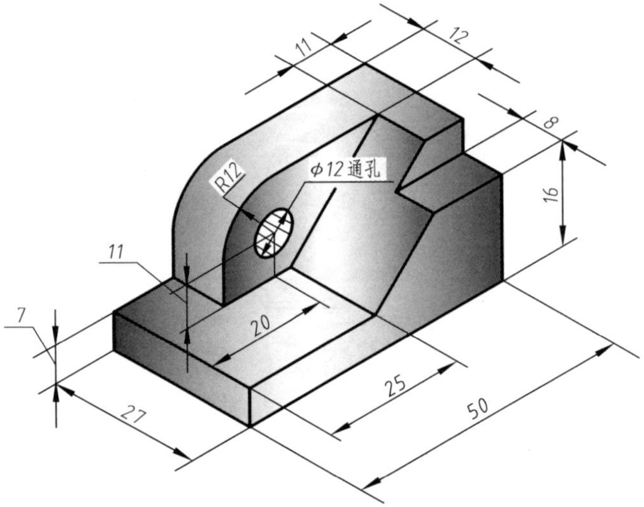

2

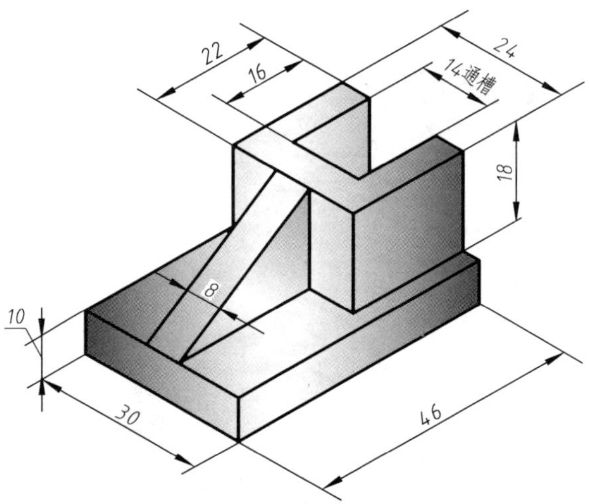

班级　　　　　　姓名　　　　　　学号

4-4 由轴测图徒手画组合体的三视图（目测比例）

1

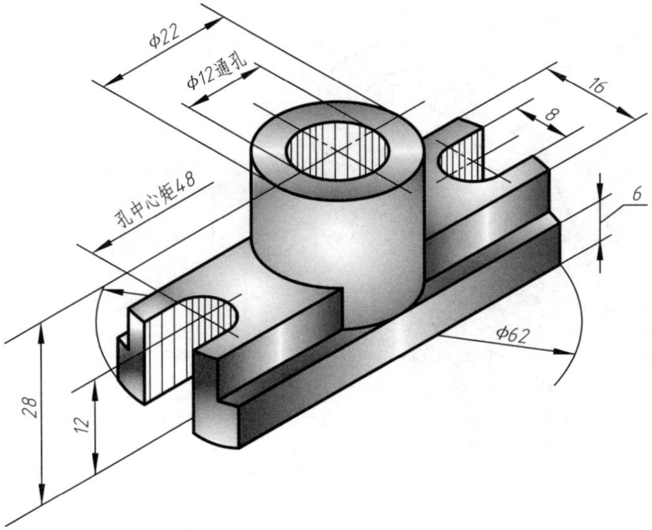

2

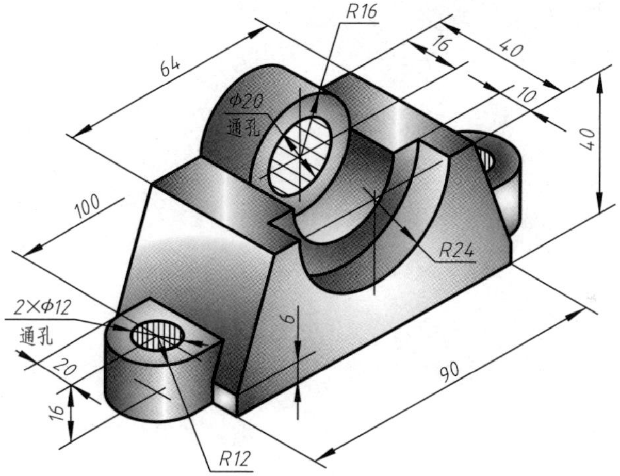

班级　　　　　　　　姓名　　　　　　　　学号

4-4 由轴测图徒手画组合体的三视图（目测比例）（续）

3

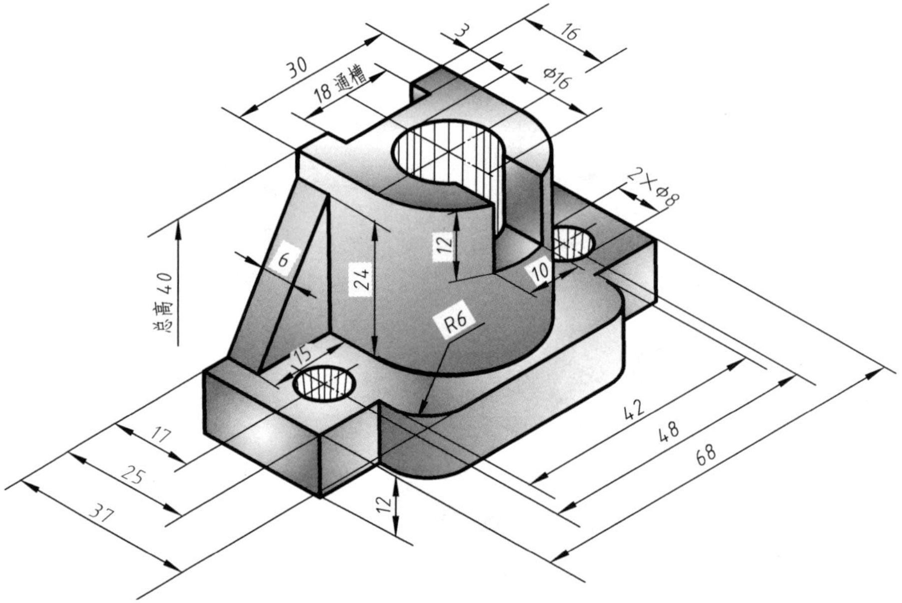

注：图中均为通孔或通槽。

班级　　　　姓名　　　　学号

4-5 **标注下列组合体的尺寸**（按比例1：1从图中量取）

1

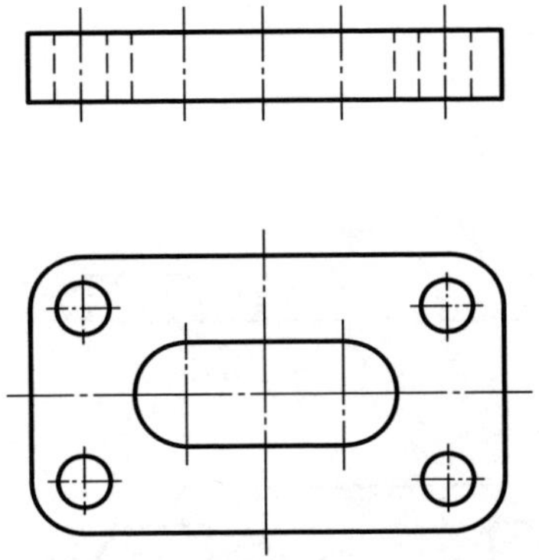

2

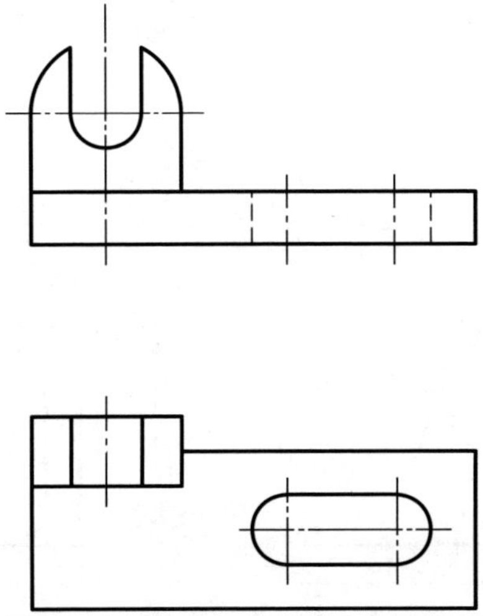

3

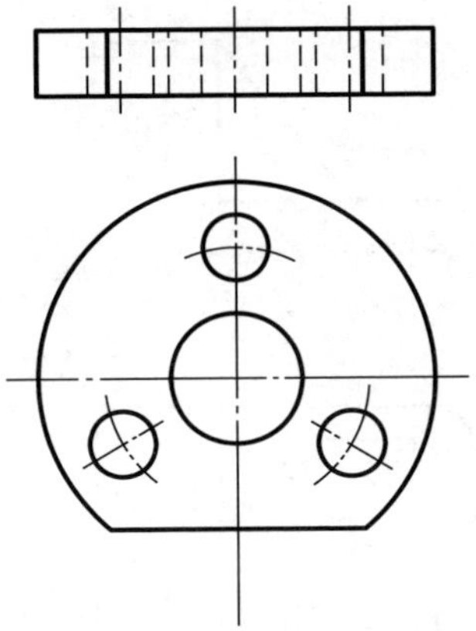

4

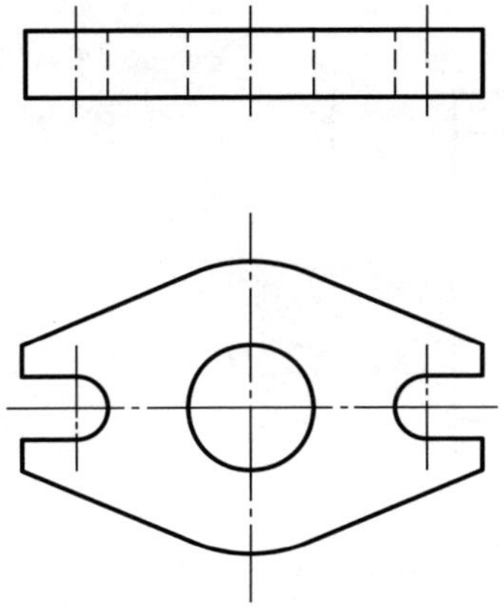

班级　　　　姓名　　　　学号

1. 用如图所示符号标出宽度、高度方向的尺寸基准，并补注出定位尺寸。

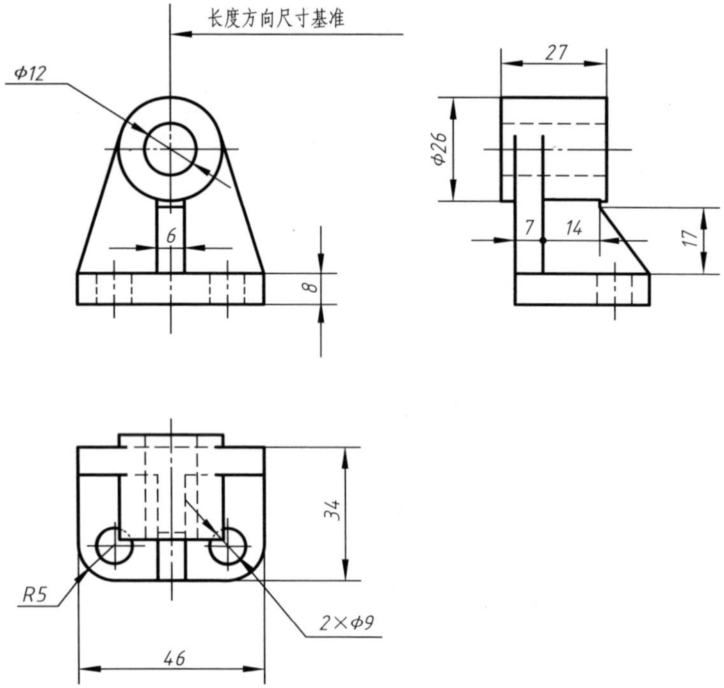

2. 打开文件 4-6.dwg，设置标注样式，标注如下组合体尺寸（尺寸按比例 1：1从图中量取）。

(1)

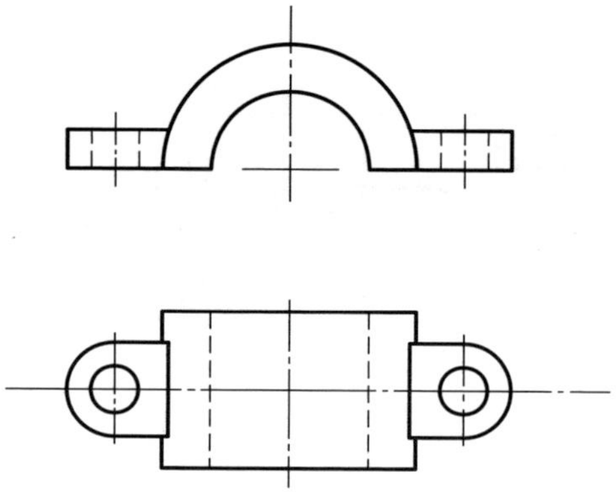

(2)

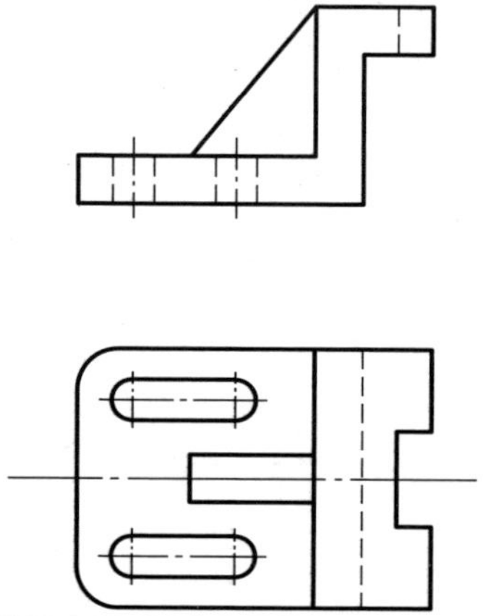

班级　　　　　　姓名　　　　　　学号

4-7　制图作业：组合体三视图作业

一、目的、内容与要求

1. 目的、内容：进一步理解与巩固形体与视图的对应关系，运用形体分析法，根据轴测图（或模型）绘制组合体的三视图，并标注尺寸。

2. 要求：完整表达组合体的内外形状、标注尺寸要完整、清晰，并符合国家标准。

二、图名、图幅、比例

1. 图名：组合体。

2. 图幅：A3 或 A4 图纸。

3. 比例：1∶1 或 2∶1（由所选的图幅确定）。

三、绘图步骤与注意事项

1. 图形布置要匀称，画出作图基准线，确定三个视图的具体位置。

2. 要正确运用形体分析法，选择主视图后，一部分一部分的画，按视图的“三等”投影规律在三个视图上画出同步底稿，以提高绘图速度。

3. 标注尺寸不要照搬轴测图上尺寸的标注位置，应重新考虑视图上的尺寸布置，以尺寸齐全、注法符合标准、配置适当为原则。

4. 完成底稿，仔细校核后加深、加粗。

1

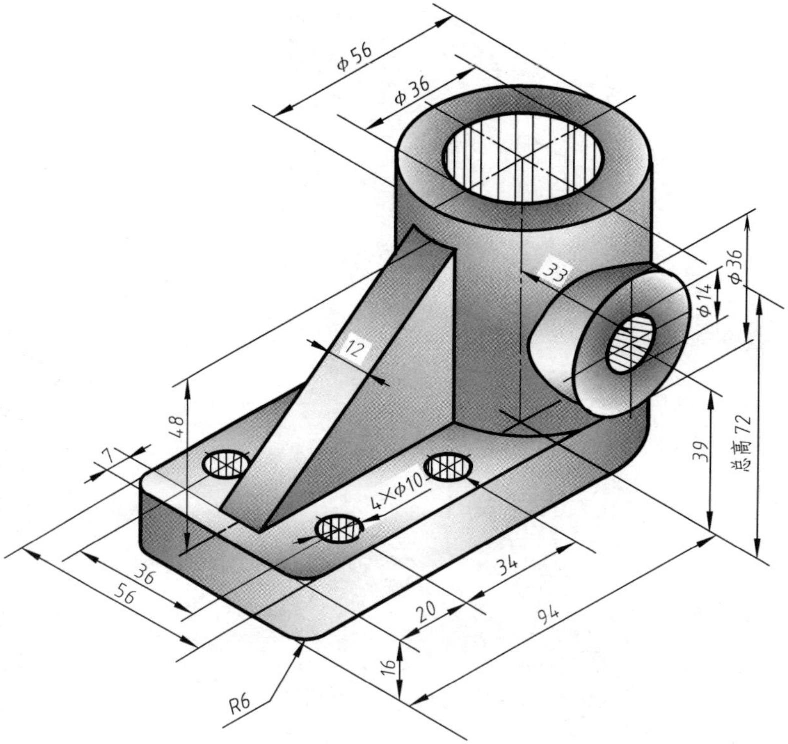

班级　　　　　　姓名　　　　　　学号

2

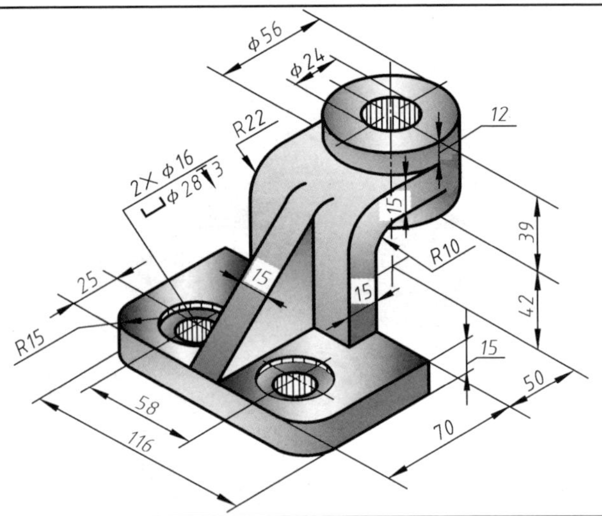
φ56
φ24
R22
12
2×φ16
⌴φ28▼3
15
39
R10
15
25
15
R15
42
15
50
58
116
70

3

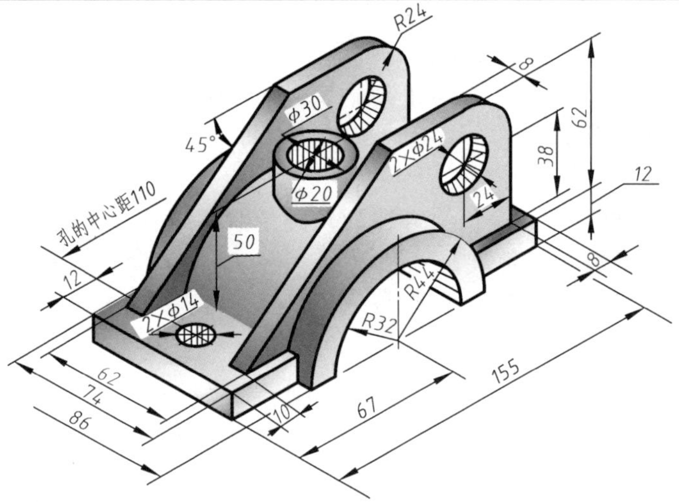
R24
8
φ30
45°
62
38
2×φ24
12
孔的中心距110
φ20
24
50
8
12
2×φ14
R44
R32
62
74
86
10
67
155

4

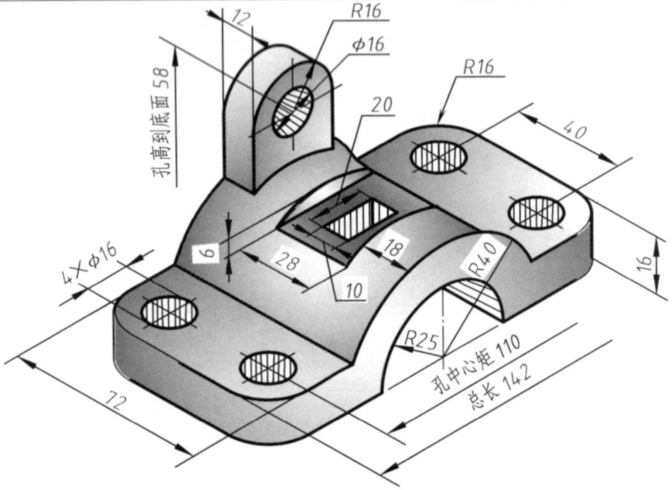
12
R16
φ16
R16
孔高到底面58
20
40
6
28
18
4×φ16
10
R40
16
R25
孔中心矩110
总长142
72

5

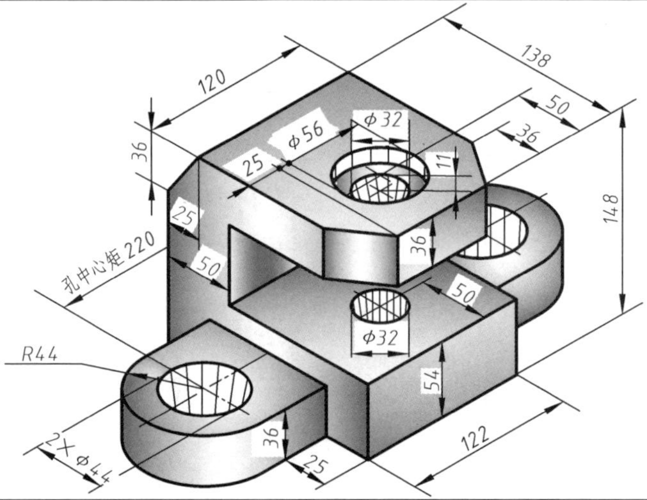
138
120
50
φ32
36
φ56
36
25
11
148
25
孔中心矩220
36
50
50
φ32
R44
54
36
2×φ44
25
122

班级　　　　　姓名　　　　　学号

4-8 读组合体三视图（根据已知的两视图，选择正确的第三视图）

1

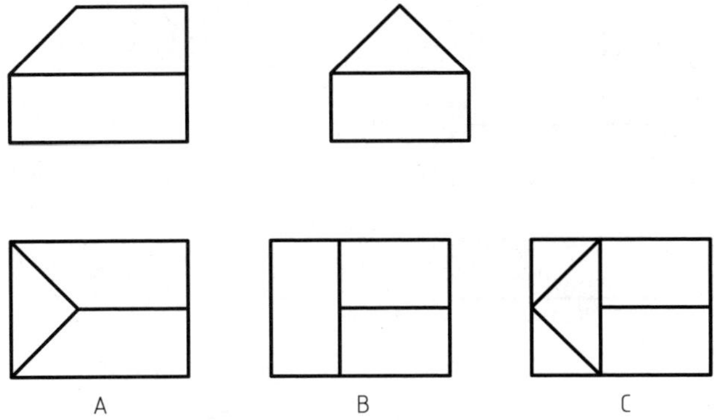

(　　)

2

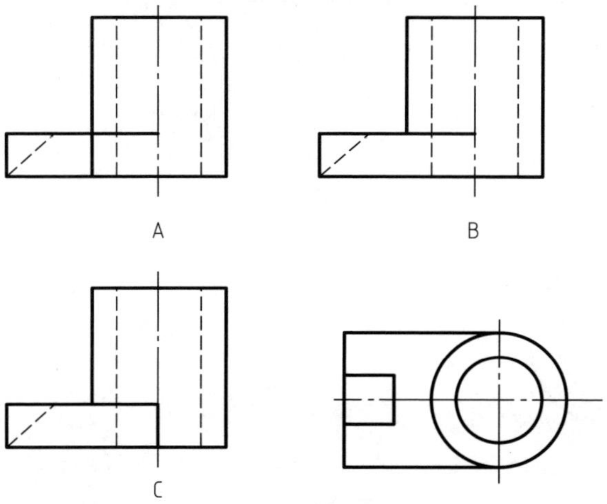

(　　)

3*

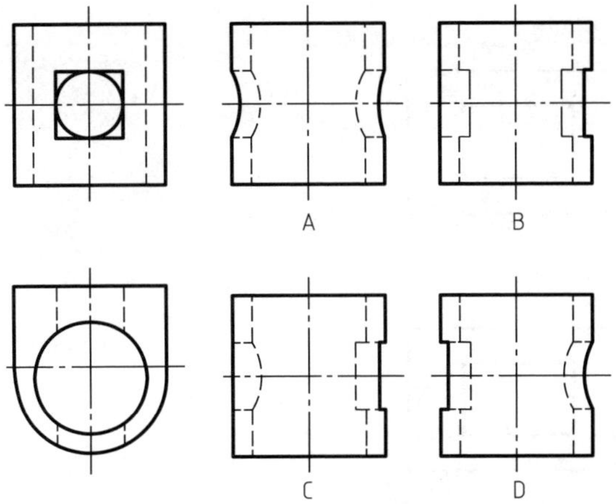

(　　)

4*

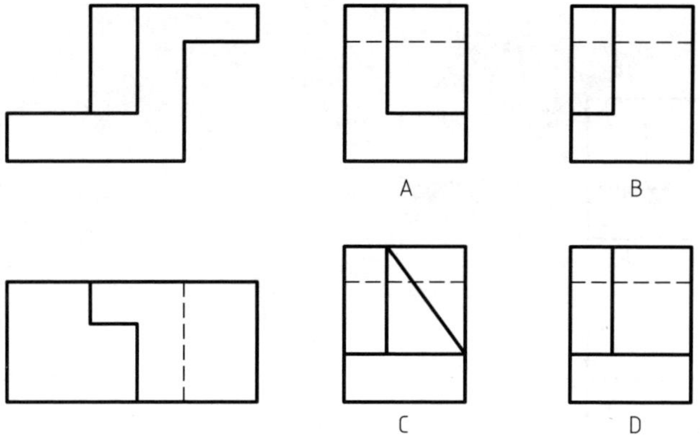

(　　)

班级　　　　　　姓名　　　　　　学号

4-9 读组合体三视图（补画视图）

1. 读懂给定的一个视图，构思物体形状，补画另一视图，至少画两种。

（1）已知俯视图，补画主视图。

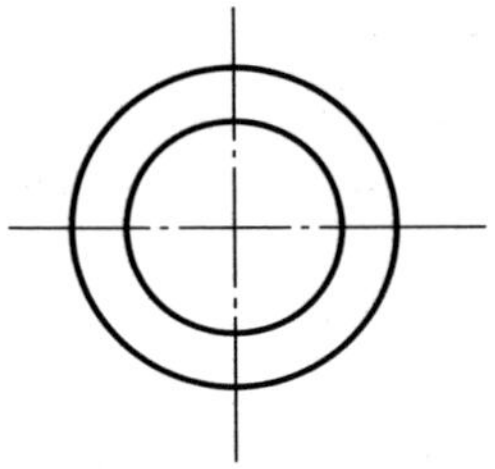

（2）已知主视图，补画左视图。

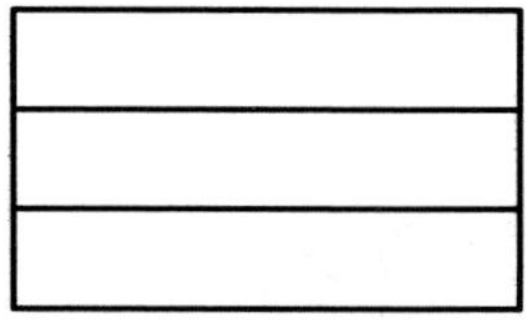

2. 读懂给定的两个视图，补画第三视图，至少画两个。

（1）

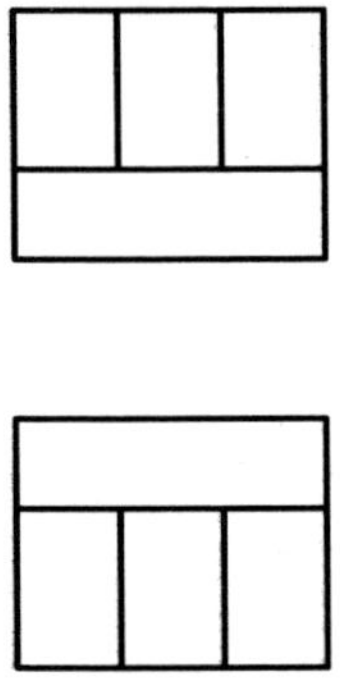

（2）

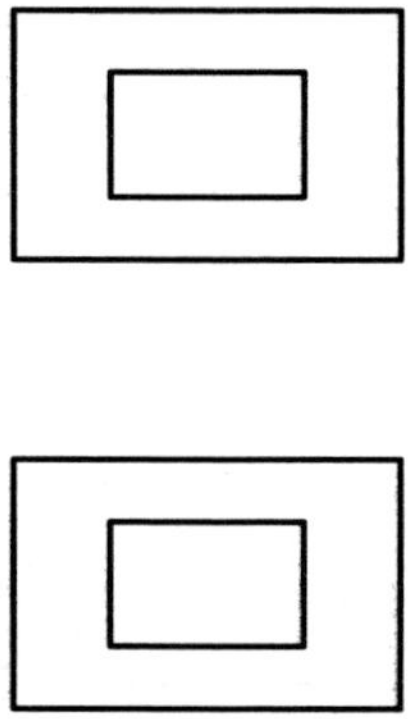

班级　　　　姓名　　　　学号

4-10 **读组合体三视图**（补画视图中所缺的图线）

1

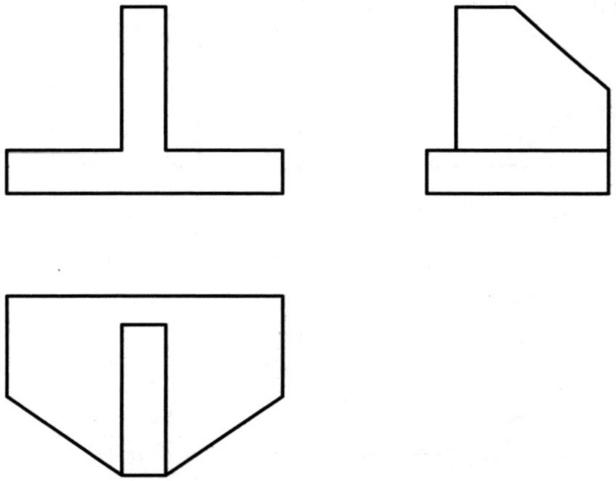

2

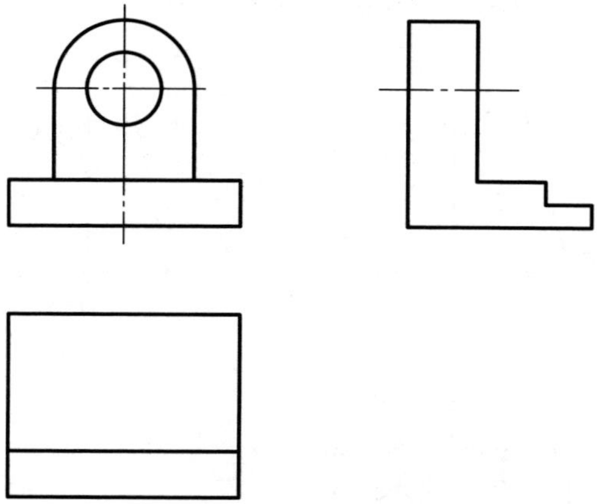

3

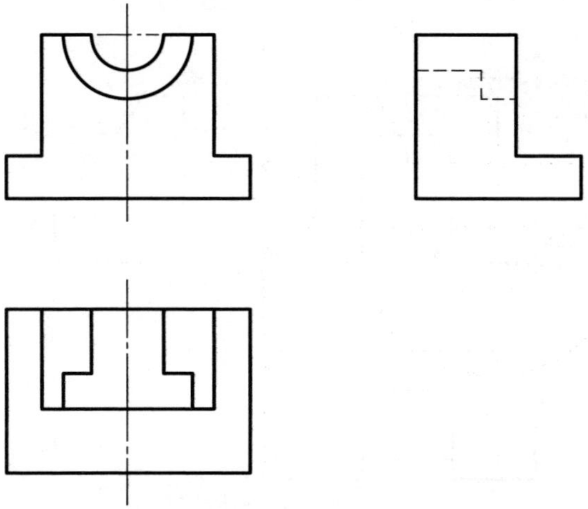

4

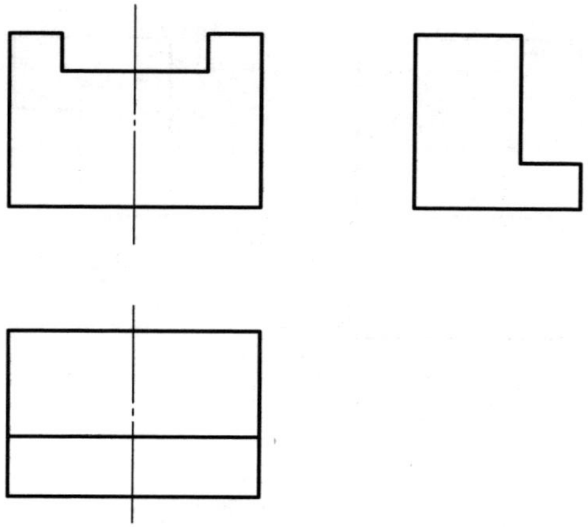

班级　　　　　　姓名　　　　　　学号

4-10 读组合体三视图（补画视图中所缺的图线）（续）

5

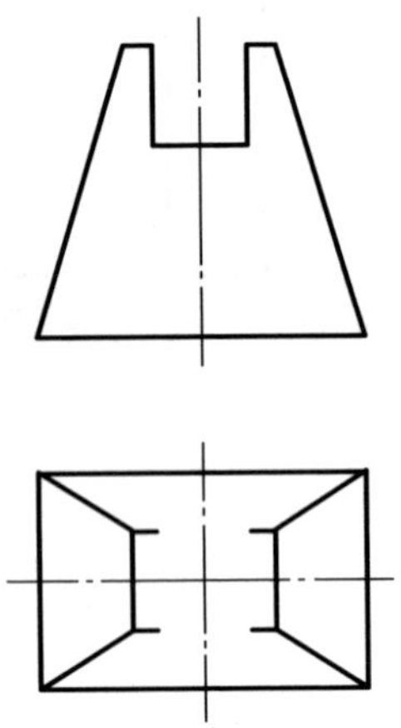

6

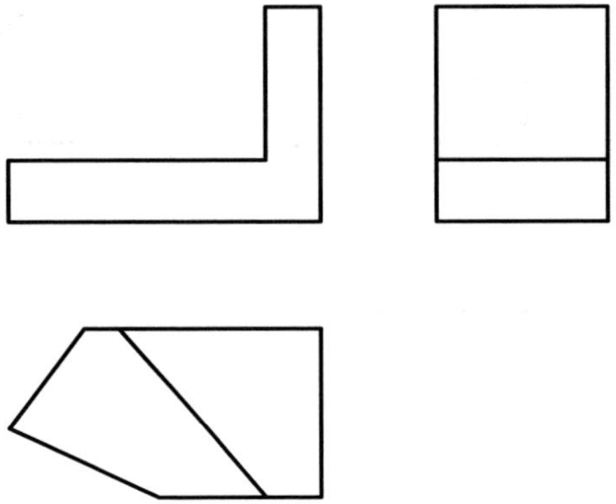

7

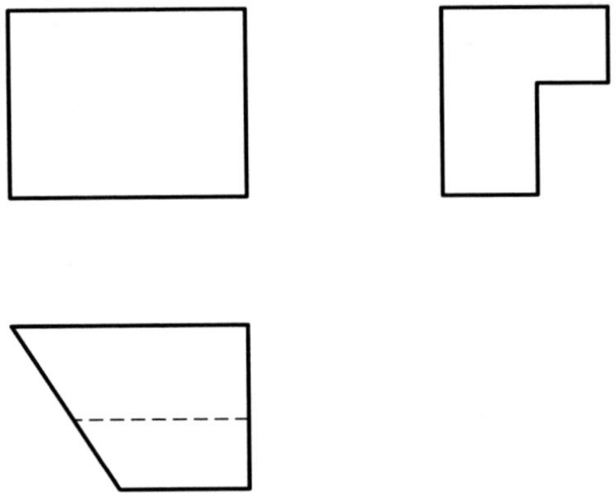

8

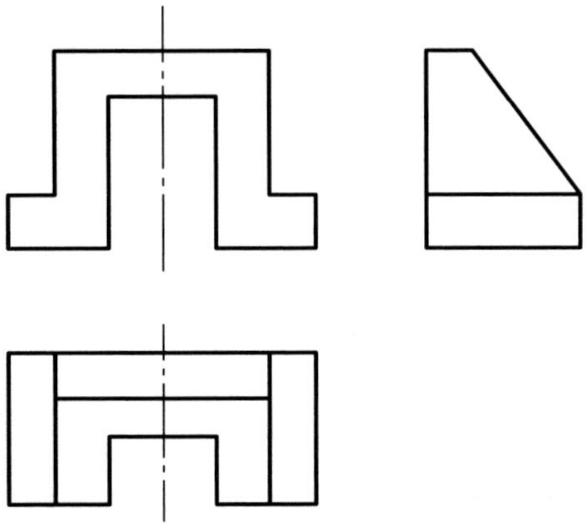

班级　　　　姓名　　　　学号

4-11　读组合体三视图：AutoCAD 练习（打开文件 4-11. dwg，补画视图中所缺的图线）

1

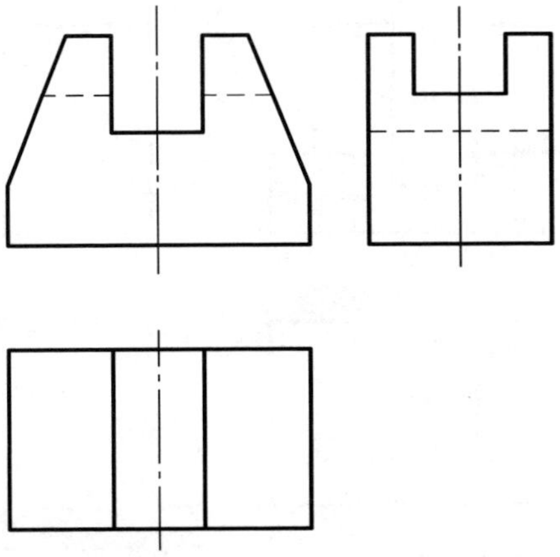

2

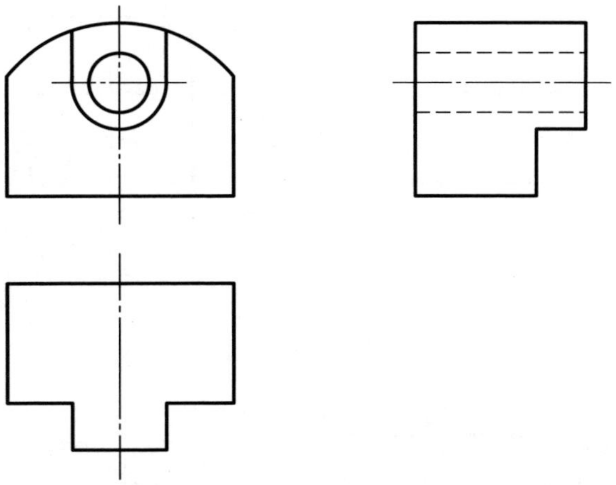

3

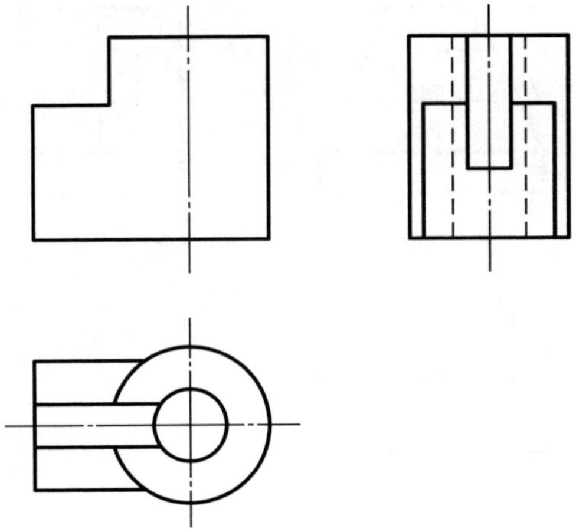

4

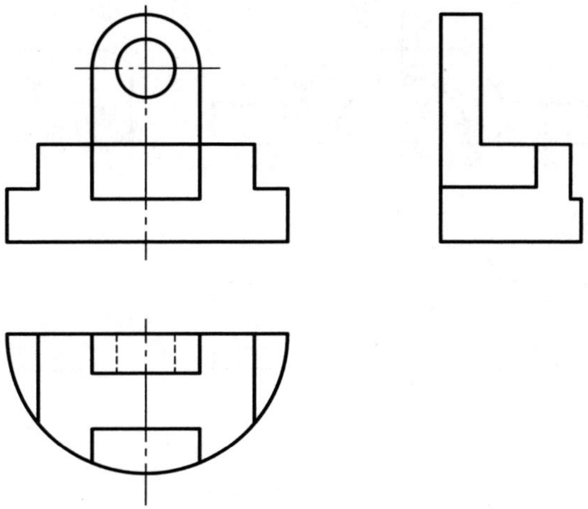

班级　　　　　　　姓名　　　　　　　学号

4-12 读组合体三视图：AutoCAD 练习（打开文件 4-12. dwg，补画视图中所缺的图线）

1

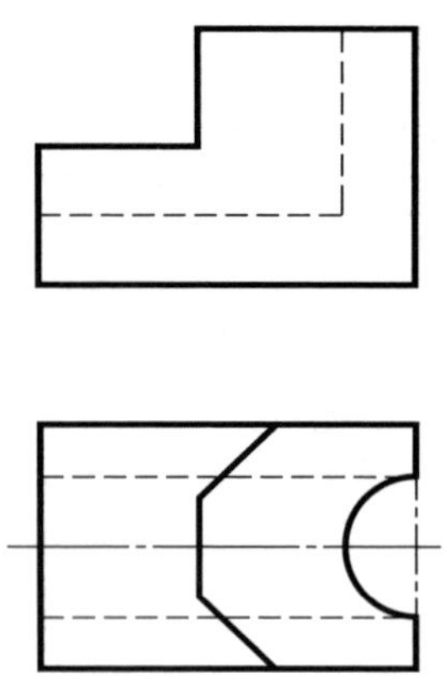

2

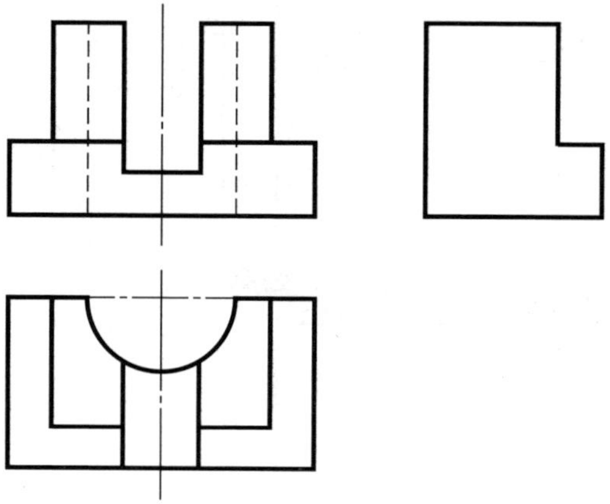

3

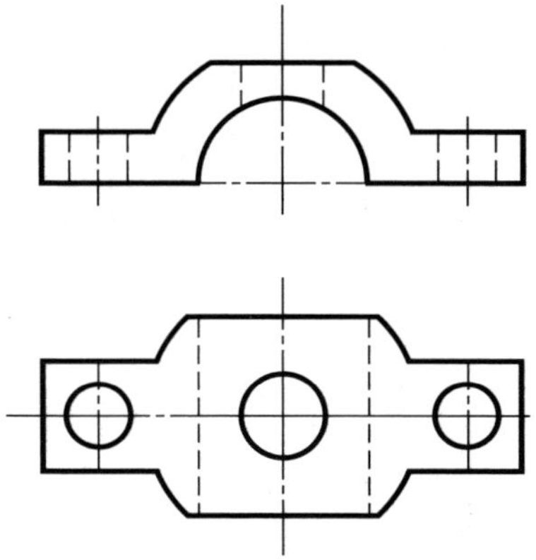

4

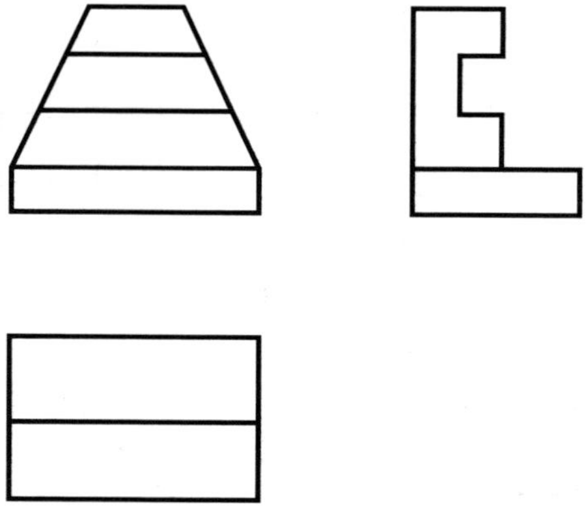

班级　　　　姓名　　　　学号

4-13 读组合体三视图（根据给定的两个视图，补第三视图）

1

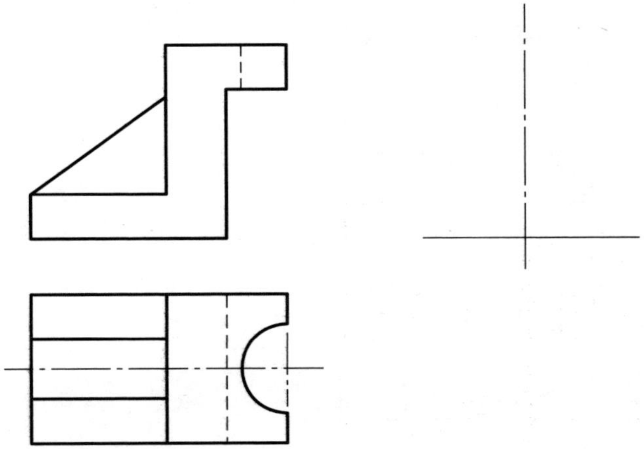

2

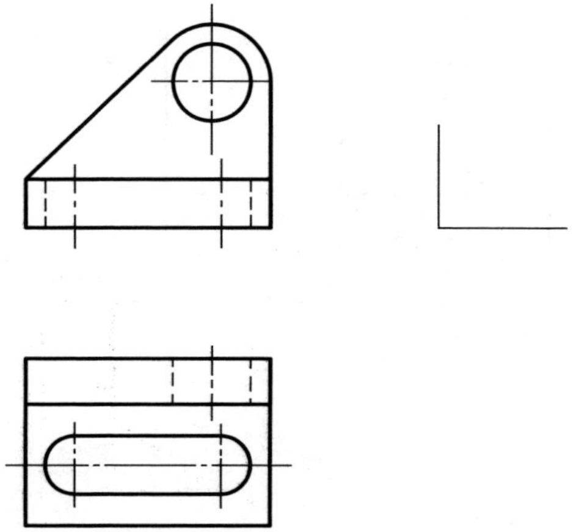

3

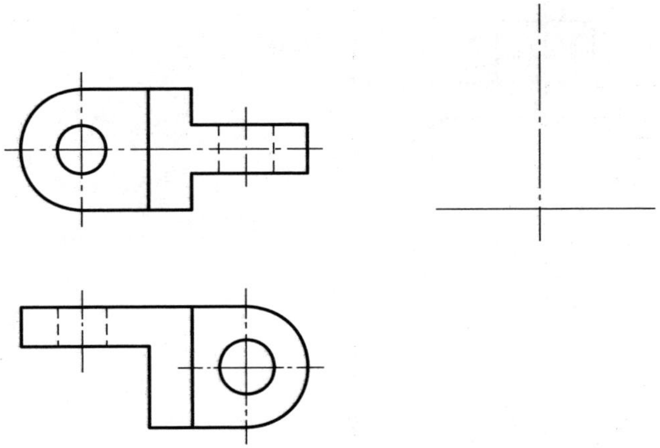

4

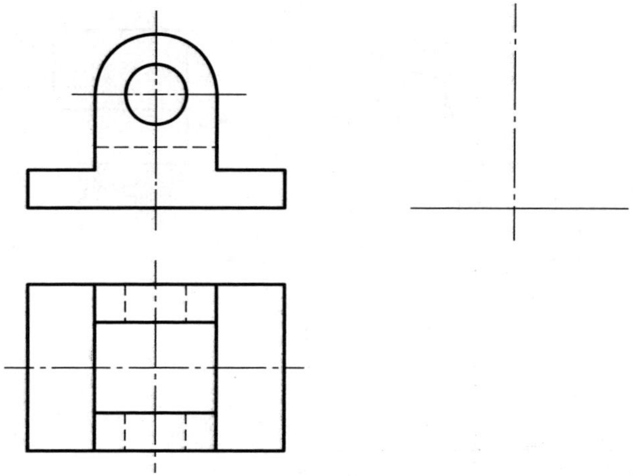

班级　　　　　　　姓名　　　　　　　学号

4-13　**读组合体三视图**（根据给定的两个视图，补第三视图）（续）

5

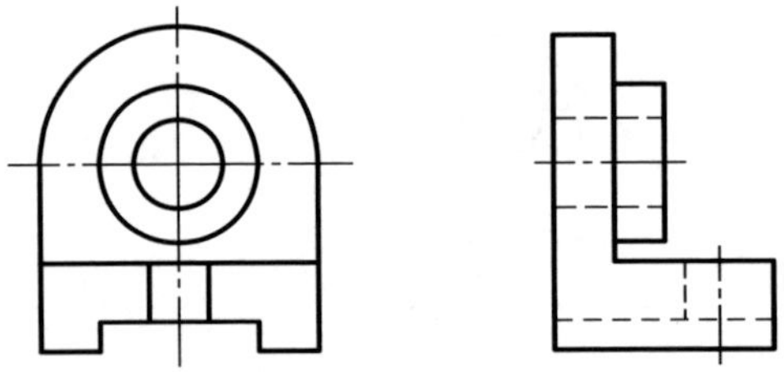

6

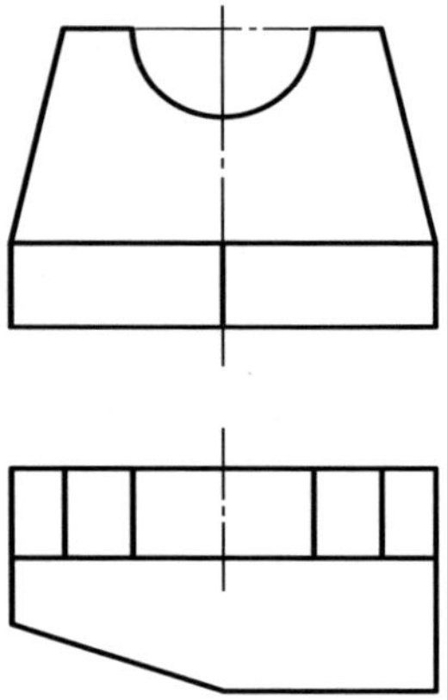

7

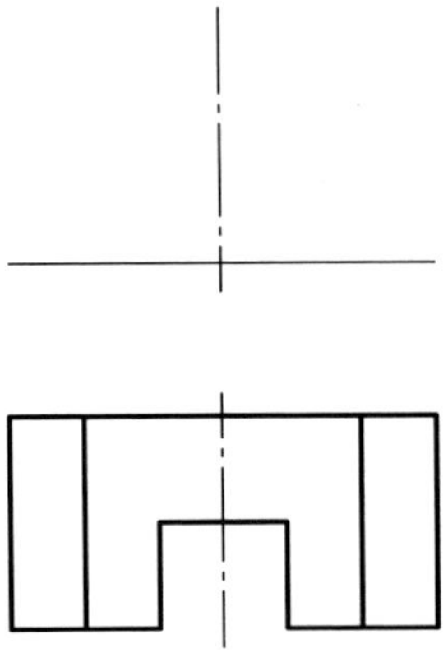

8

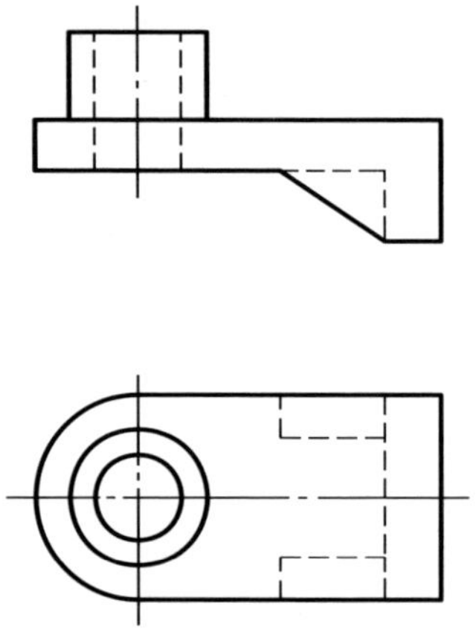

班级　　　　　　　姓名　　　　　　　学号

4-13 读组合体三视图（根据给定的两个视图，补第三视图）（续）

9

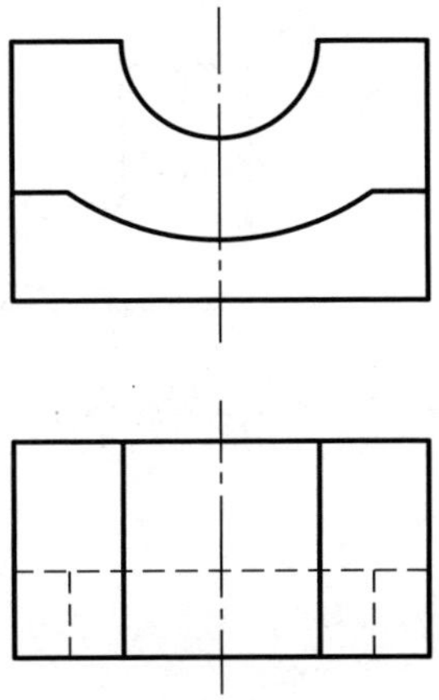

10

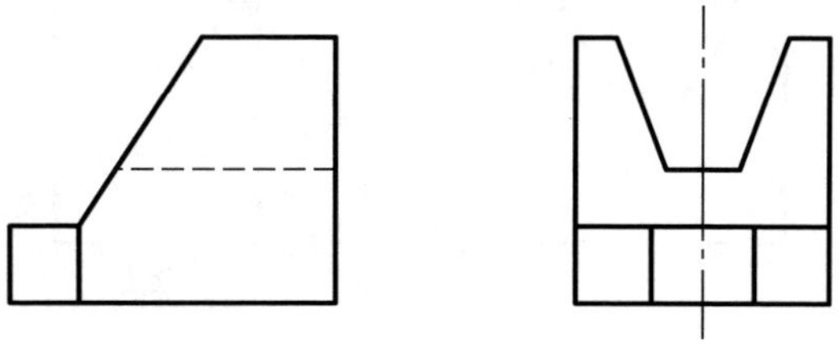

11

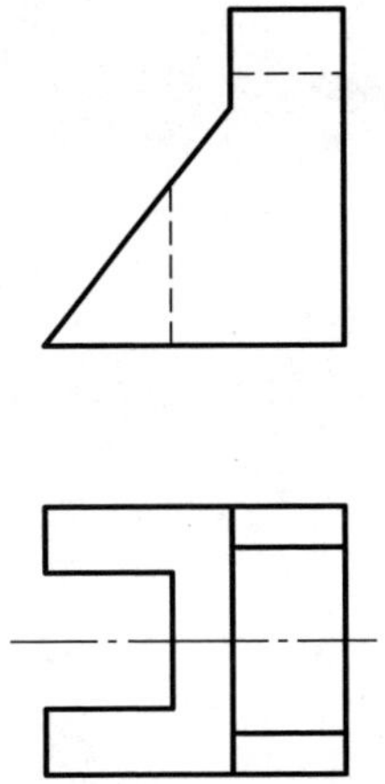

12

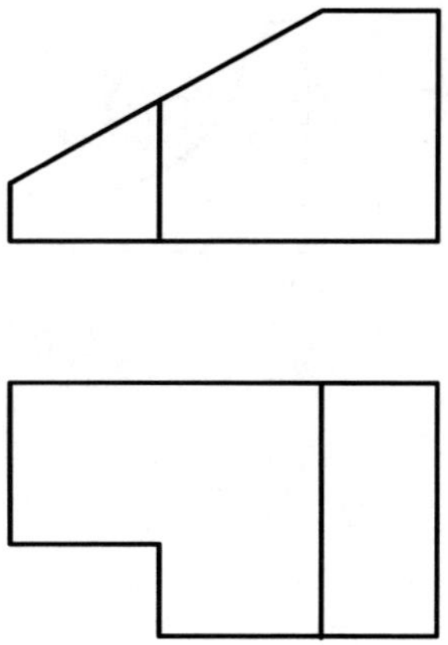

班级　　　　姓名　　　　学号

4-13 **读组合体三视图**（根据给定的两个视图，补第三视图）（续）

13

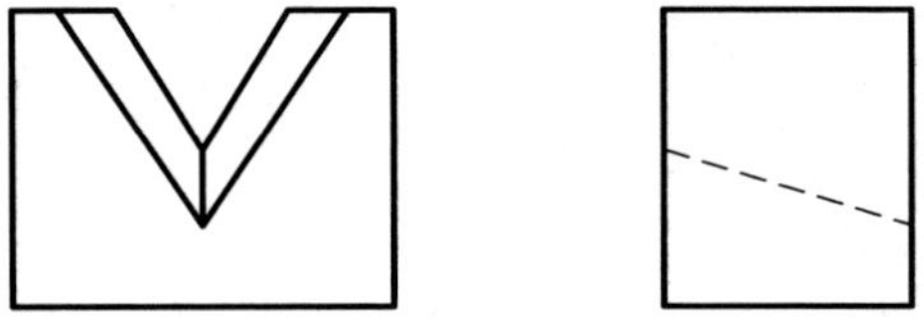

14

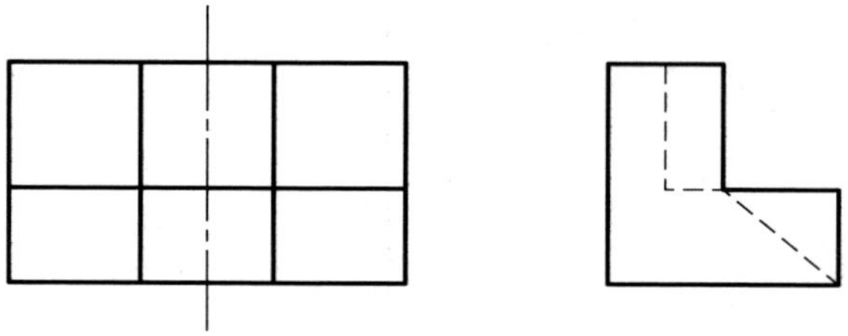

15

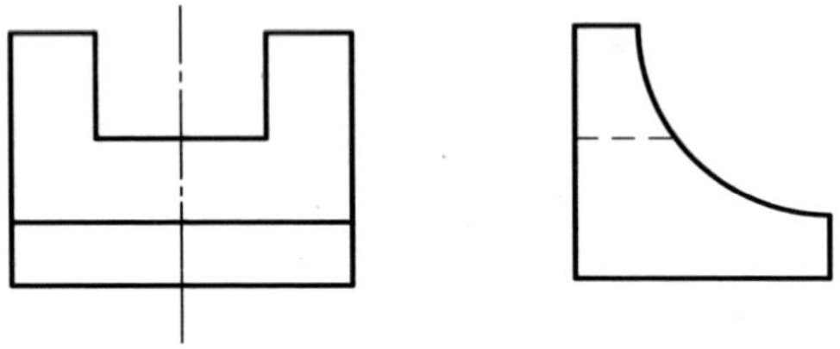

16*

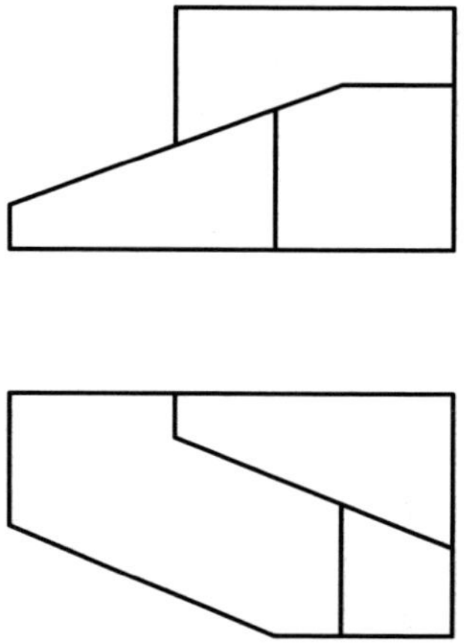

班级　　　　　　姓名　　　　　　学号

4-13 读组合体三视图（根据给定的两个视图，补第三视图）（续）

17

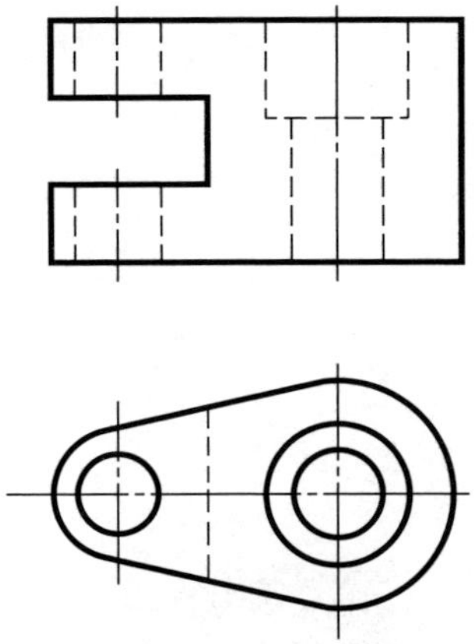

18

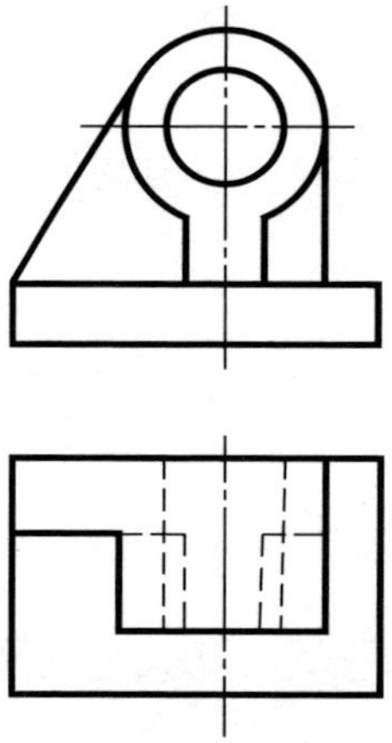

19

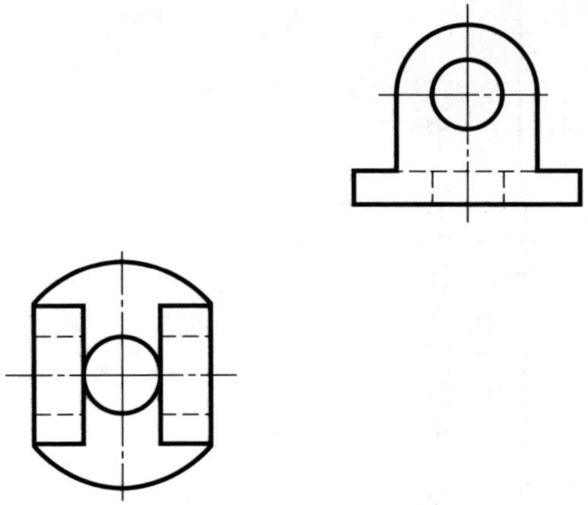

20*

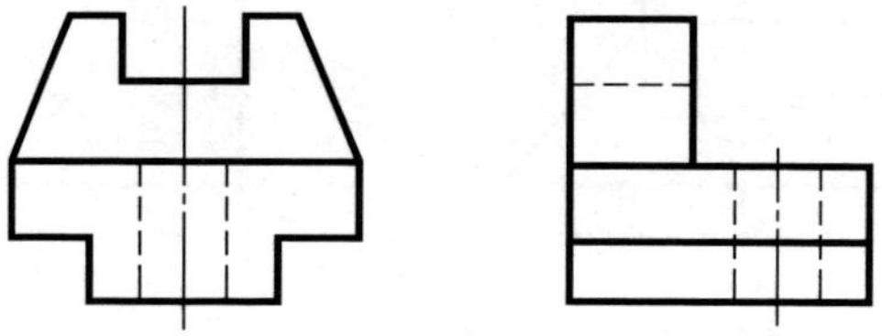

班级　　　　姓名　　　　学号

4-14　**读组合体三视图：AutoCAD 练习**（打开文件 4-14.dwg，根据给定的两个视图，补第三视图）

1

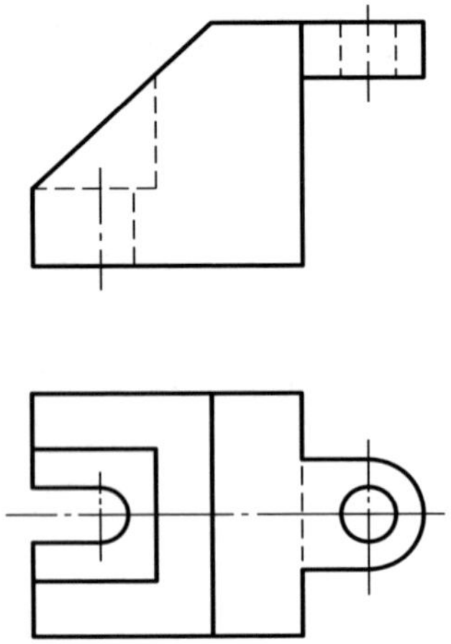

2

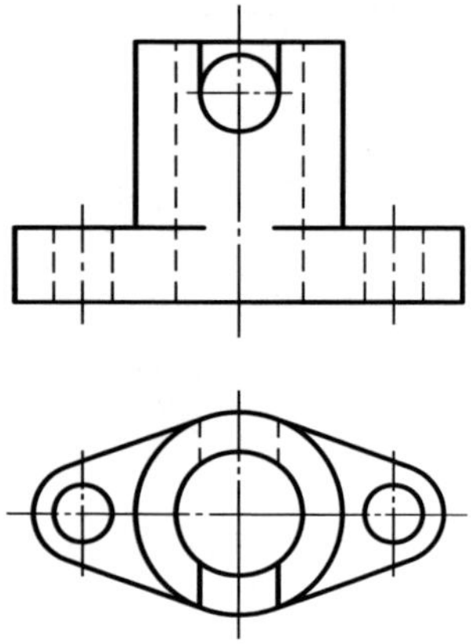

3

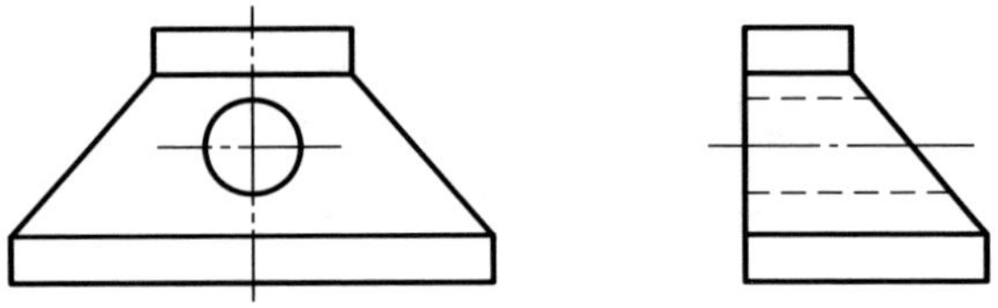

4*

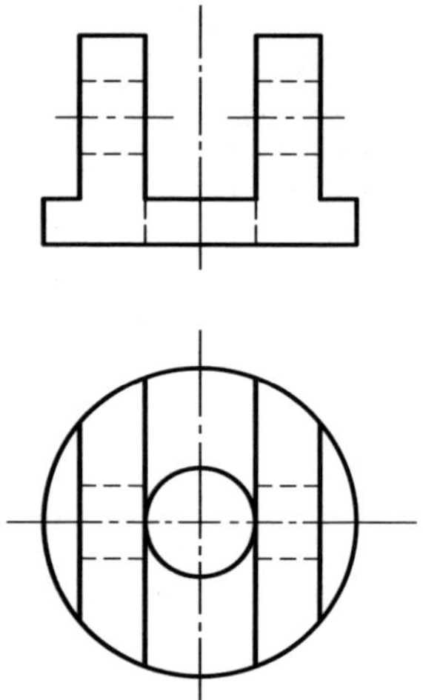

班级　　　　　　　　姓名　　　　　　　　学号

4-15 读组合体三视图：AutoCAD 练习（打开文件 4-15. dwg，根据给定的两个视图，补第三视图）

1. 图中孔皆为圆孔。

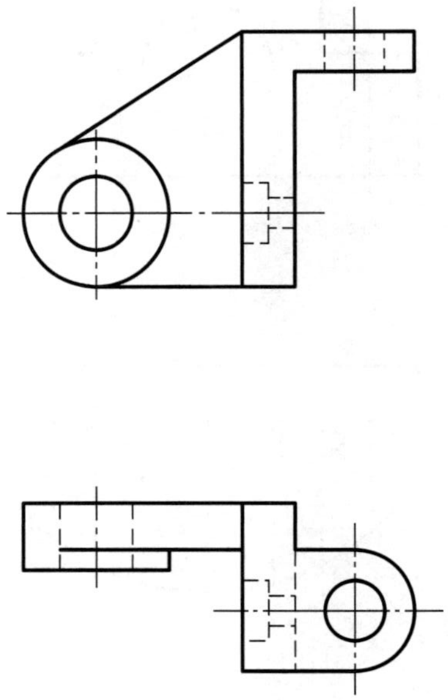

2

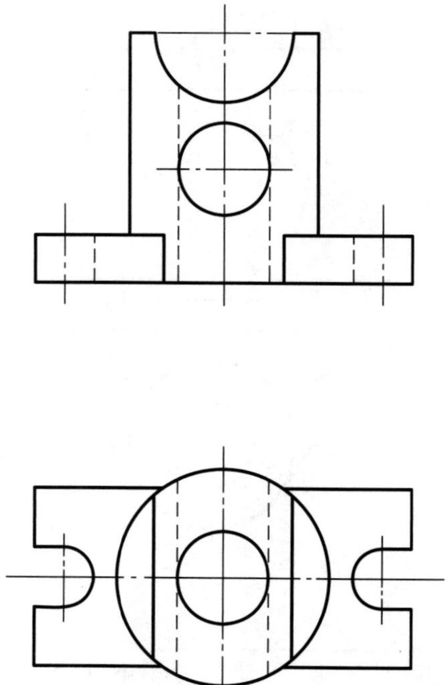

班级 姓名 学号

4-16 读组合体三视图：AutoCAD 练习（打开文件 4-16.dwg，运用形体分析法或线面分析法，由已知两视图补画第三视图）

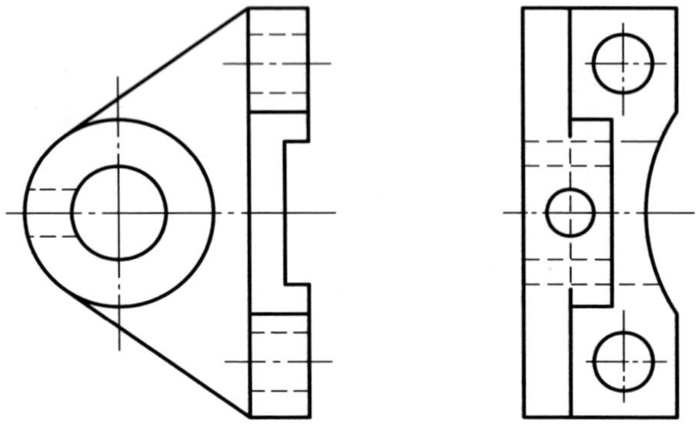

1

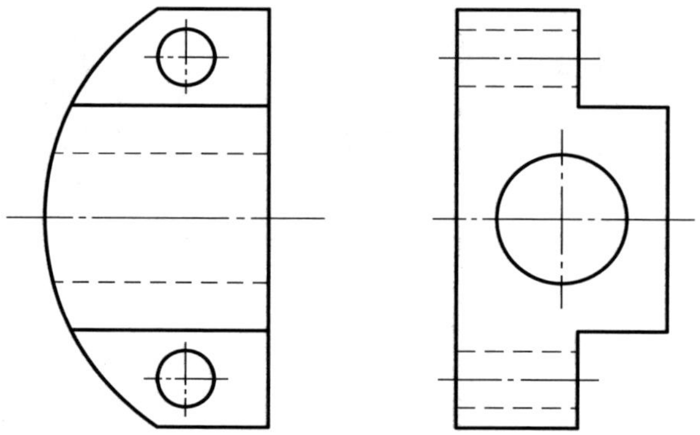

2

班级　　　　姓名　　　　学号

4-17 AutoCAD 绘制三视图（打开文件 4-17.dwg，画如下组合体的三视图并标注尺寸）

1

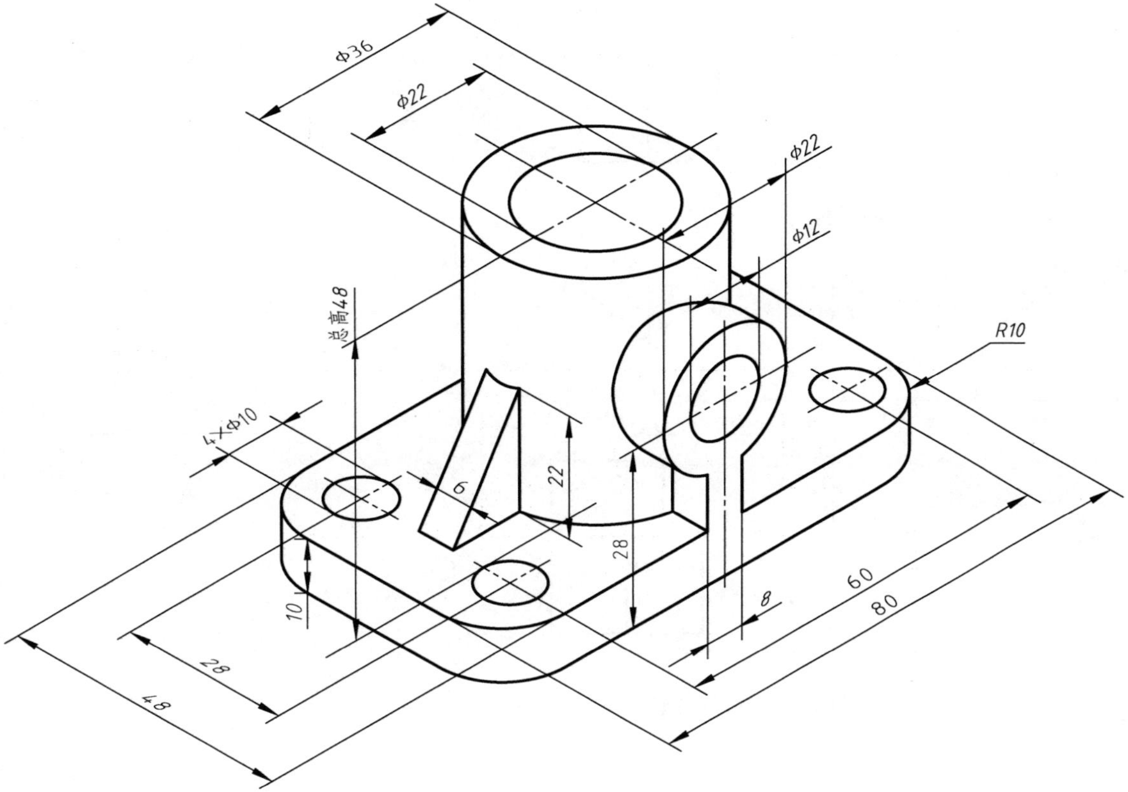

2

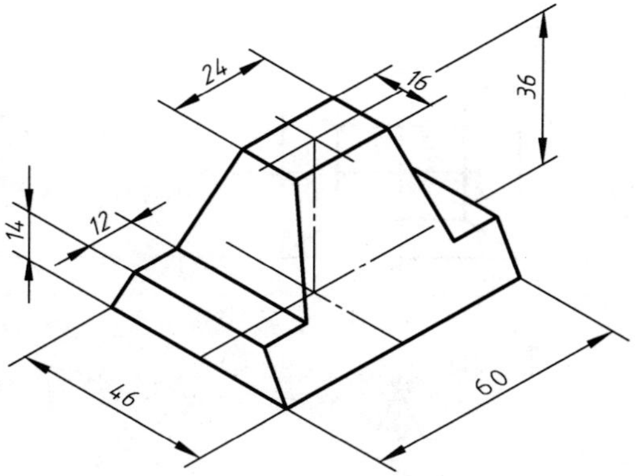

班级 姓名 学号

模块五　轴测图与三维建模基础

5-1　由物体的视图画其正等测图

1

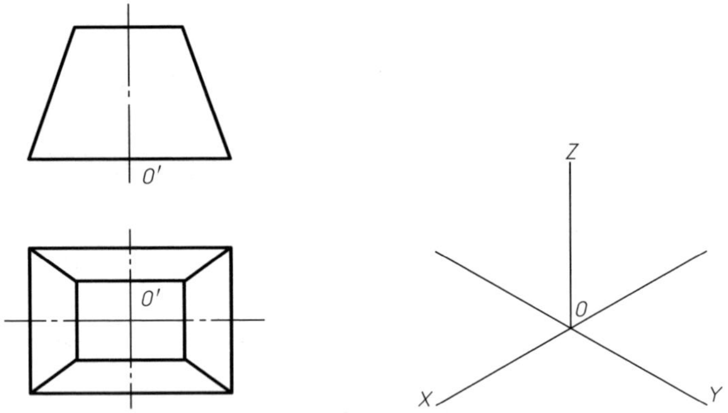

2

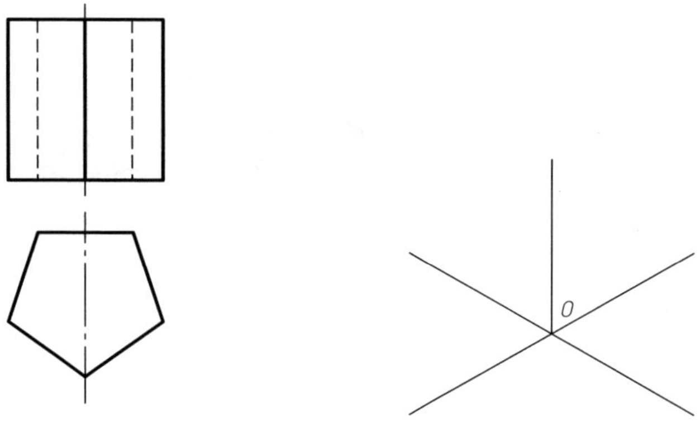

3

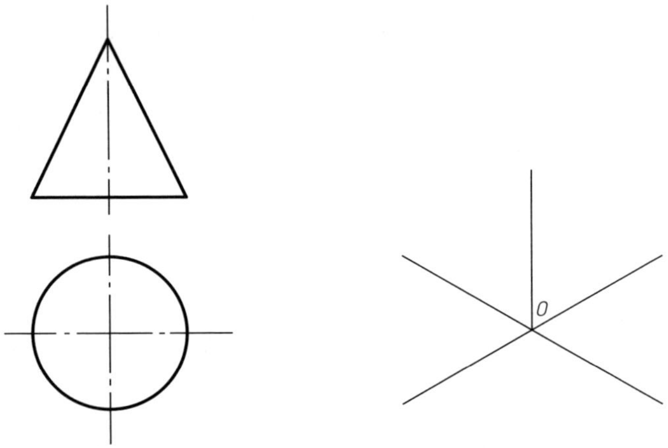

4

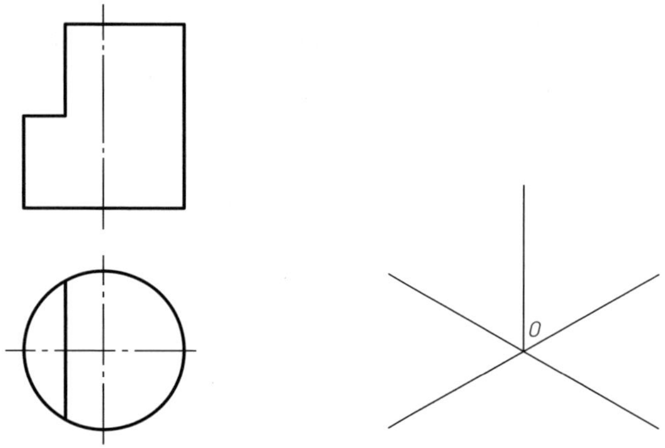

班级　　　　　　姓名　　　　　　学号

5-1 由物体的视图画其正等测图（续）

5

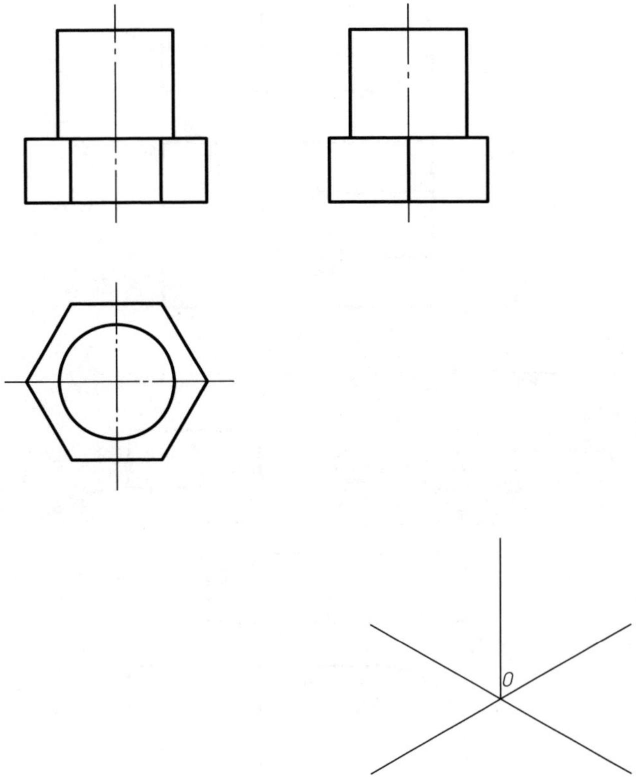

6

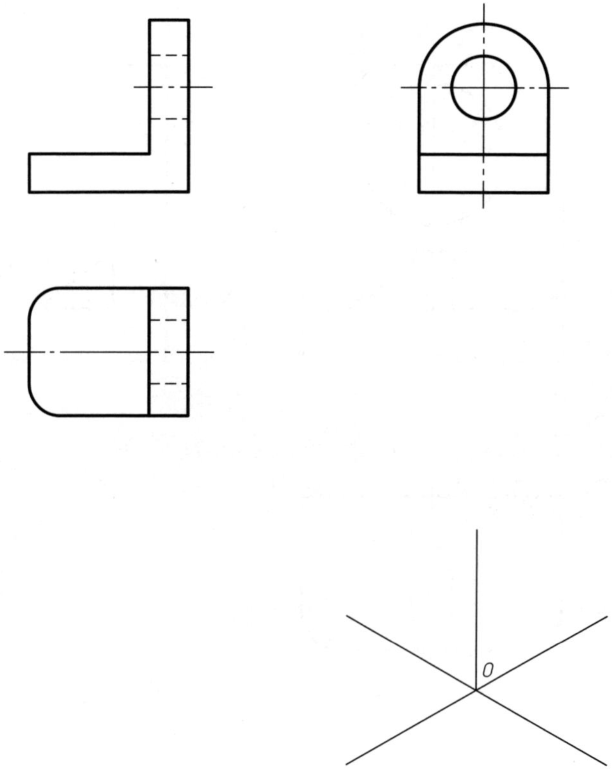

班级　　　　　　姓名　　　　　　学号

5-2 正等测图 AutoCAD 练习（打开文件 5-2. dwg，创建物体的三维模型，并采用平面摄影命令创建正等测图和三视图）

1

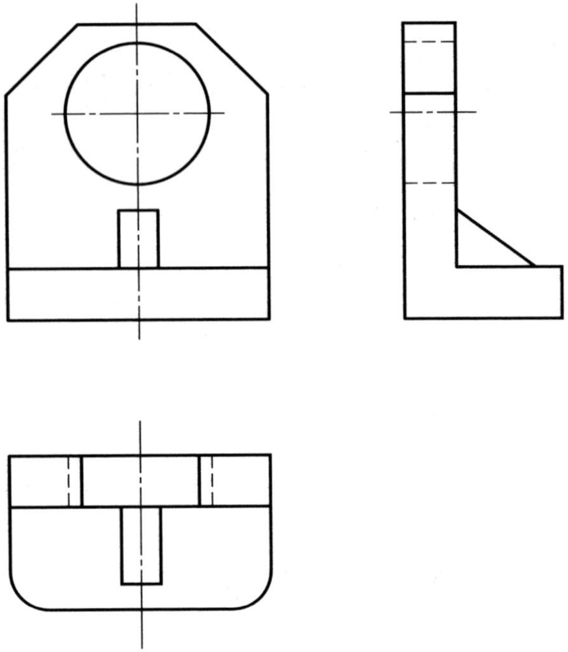

2

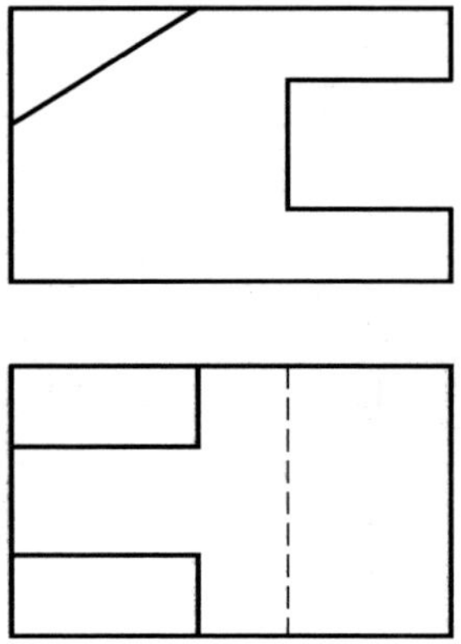

3

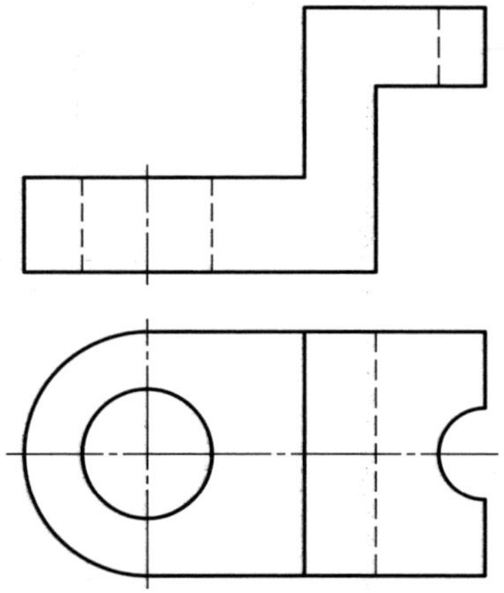

班级　　　　姓名　　　　学号

5-3　由物体的视图画其斜二测图

1

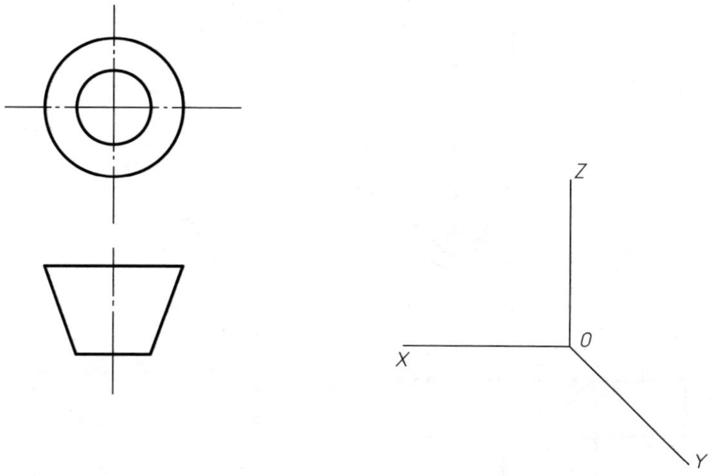

2

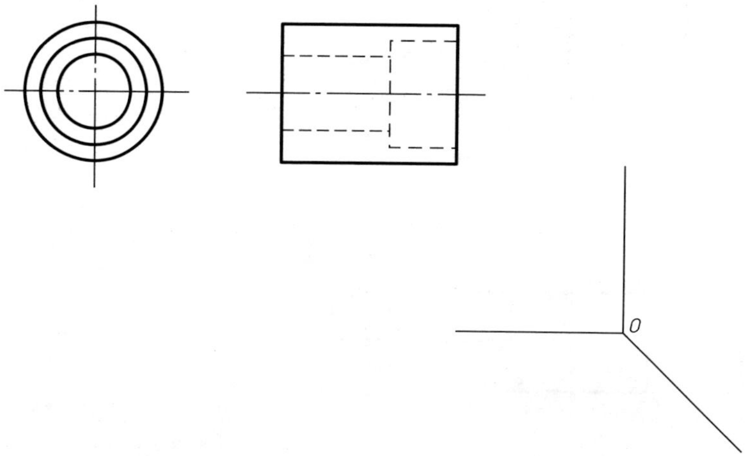

3

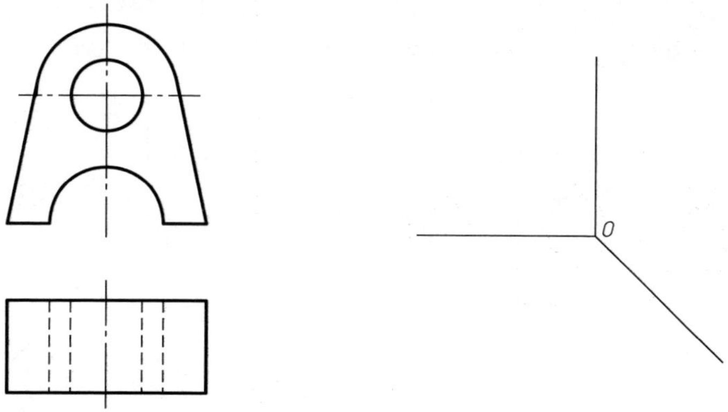

4

班级　　　　　　姓名　　　　　　学号

5-4 斜二测图 AutoCAD 练习（打开文件 5-4. dwg，创建组合体的斜二测图或三维建模）

1

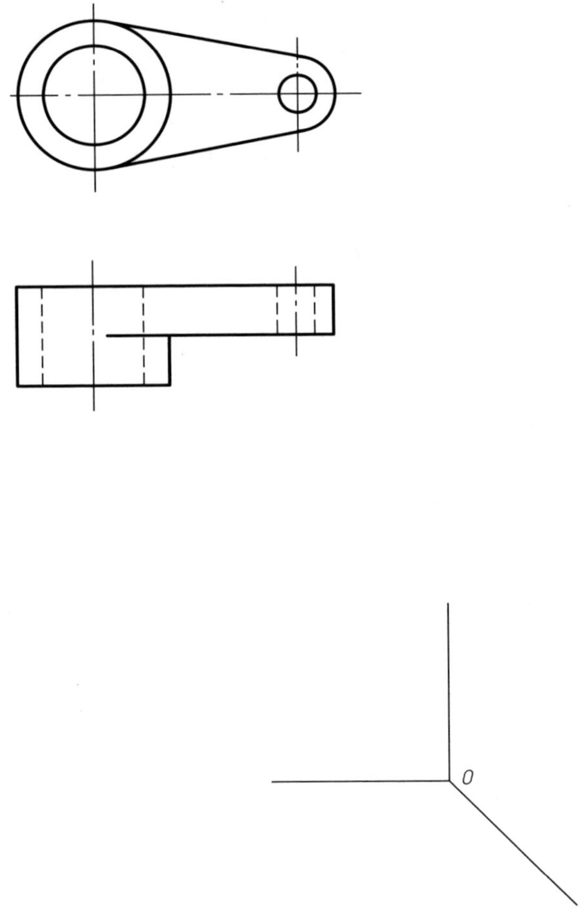

2

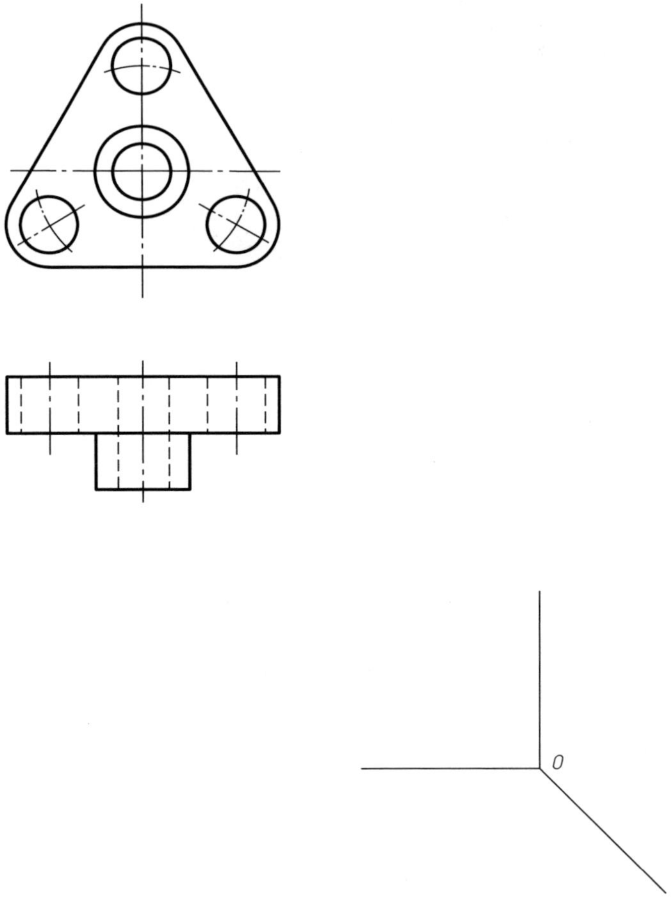

班级　　　　　　姓名　　　　　　学号

5-5 **AutoCAD 三维建模**［打开文件 5-5. dwg，由物体的视图，选择适当的轴测图（正等测图或斜二测图）徒手作图，并用 AutoCAD 创建三维实体］

1*

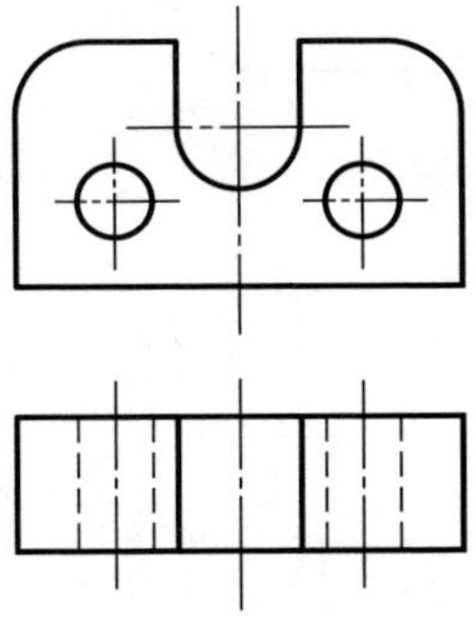

2

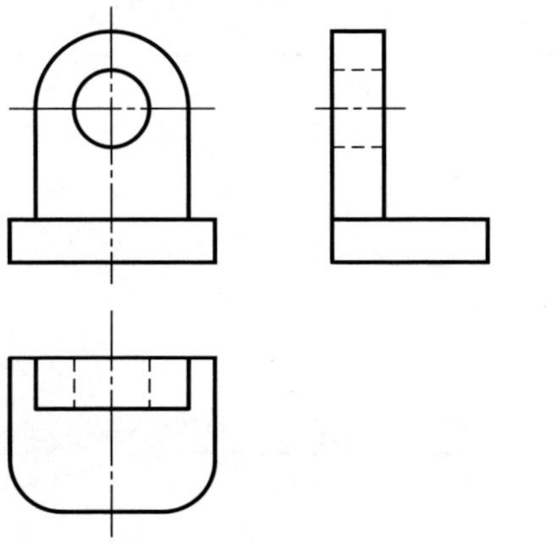

3*

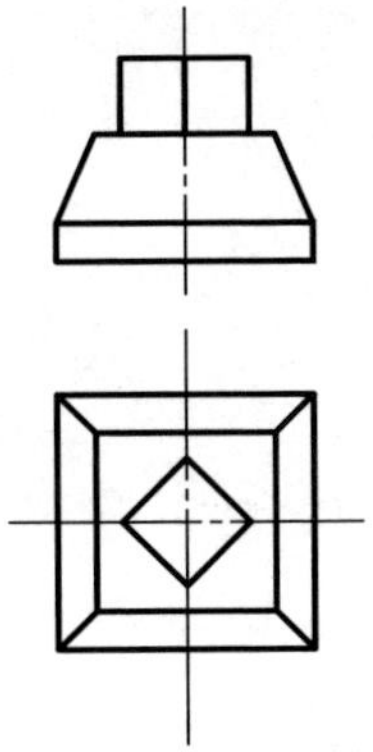

4

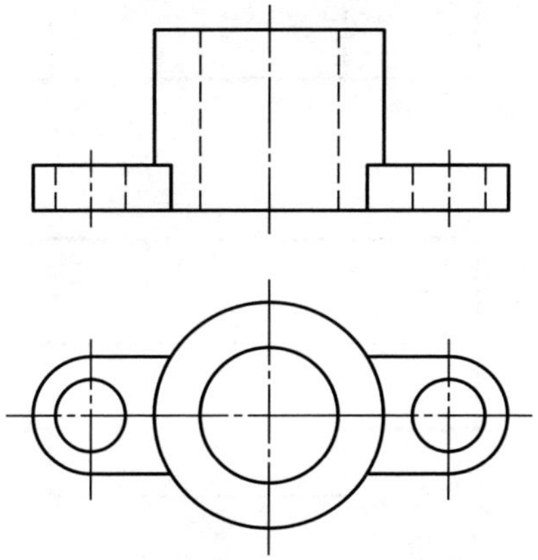

班级　　　　姓名　　　　学号

模块六　机械图样的表达方法

6-1　根据主、俯、右视图，补画左、后、仰视图（按基本视图位置配置）

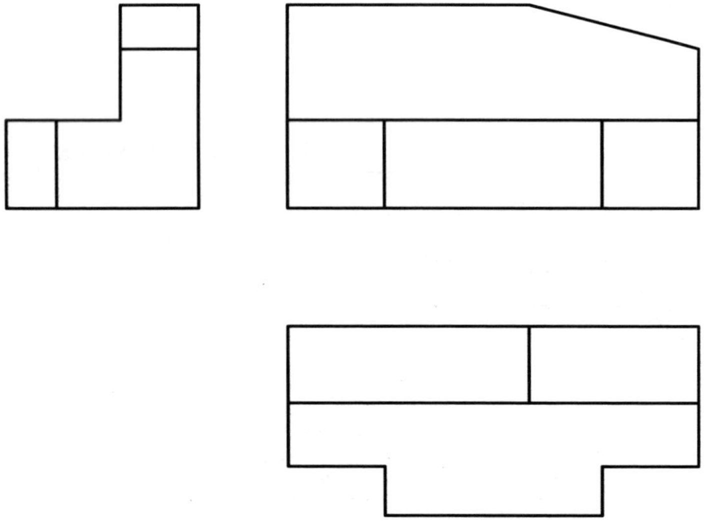

班级　　　　　　　　姓名　　　　　　　　学号

6-2 **根据主、俯视图，补画左、右、后、仰视图**（按向视图位置配置）

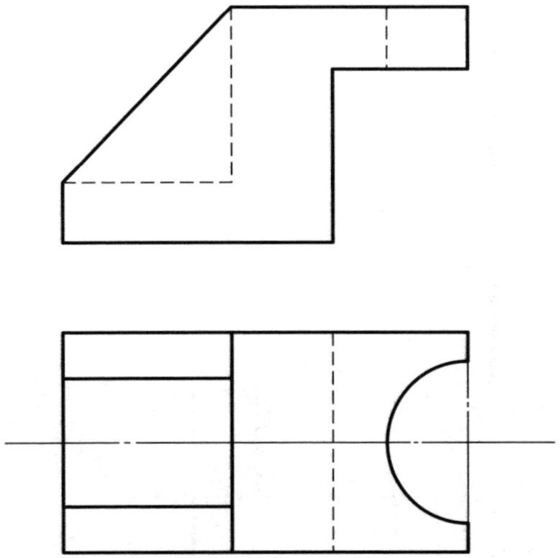

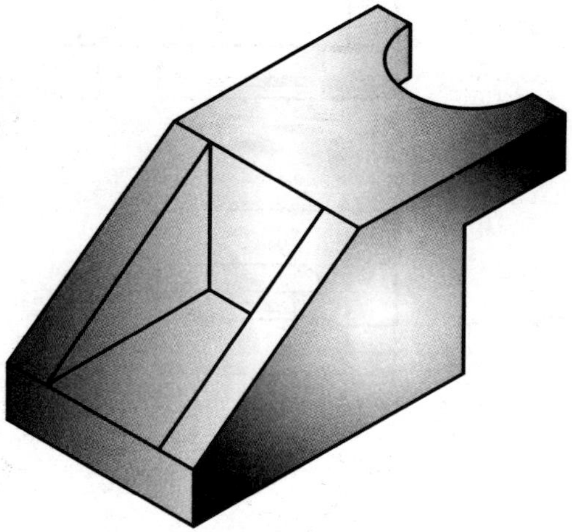

班级　　　　　　姓名　　　　　　学号

6-3 基本视图 AutoCAD 练习（打开文件 6-3. dwg）

1. 根据主、俯、左视图，补画右、后、仰视图（按基本视图位置配置）。

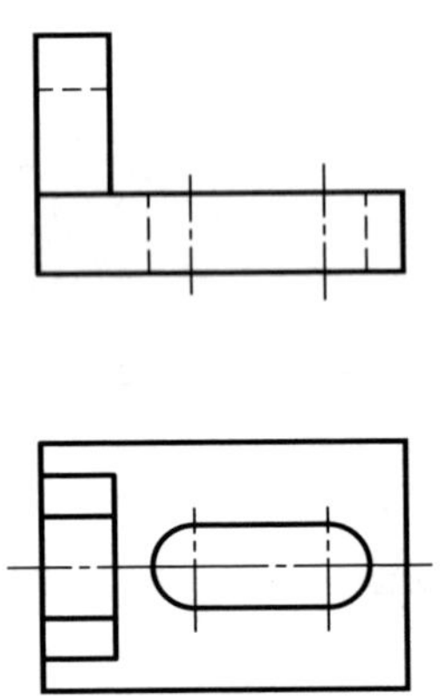

2. 根据主、俯视图，补画左、右、后、仰视图（按向视图位置配置）。

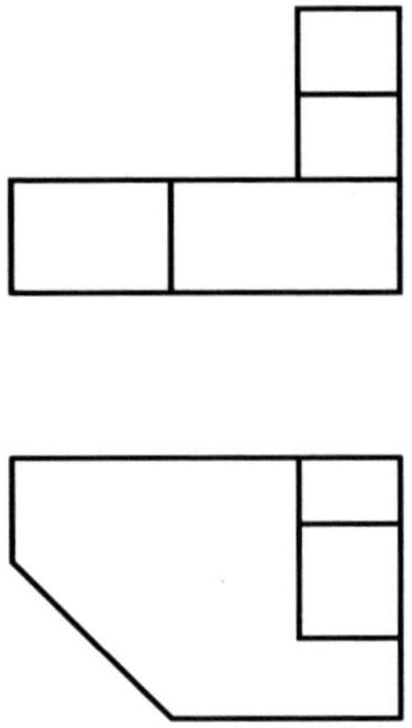

班级　　　　姓名　　　　学号

6-4 看懂图形的各部分形状后，完成局部视图和斜视图，并按规定标注

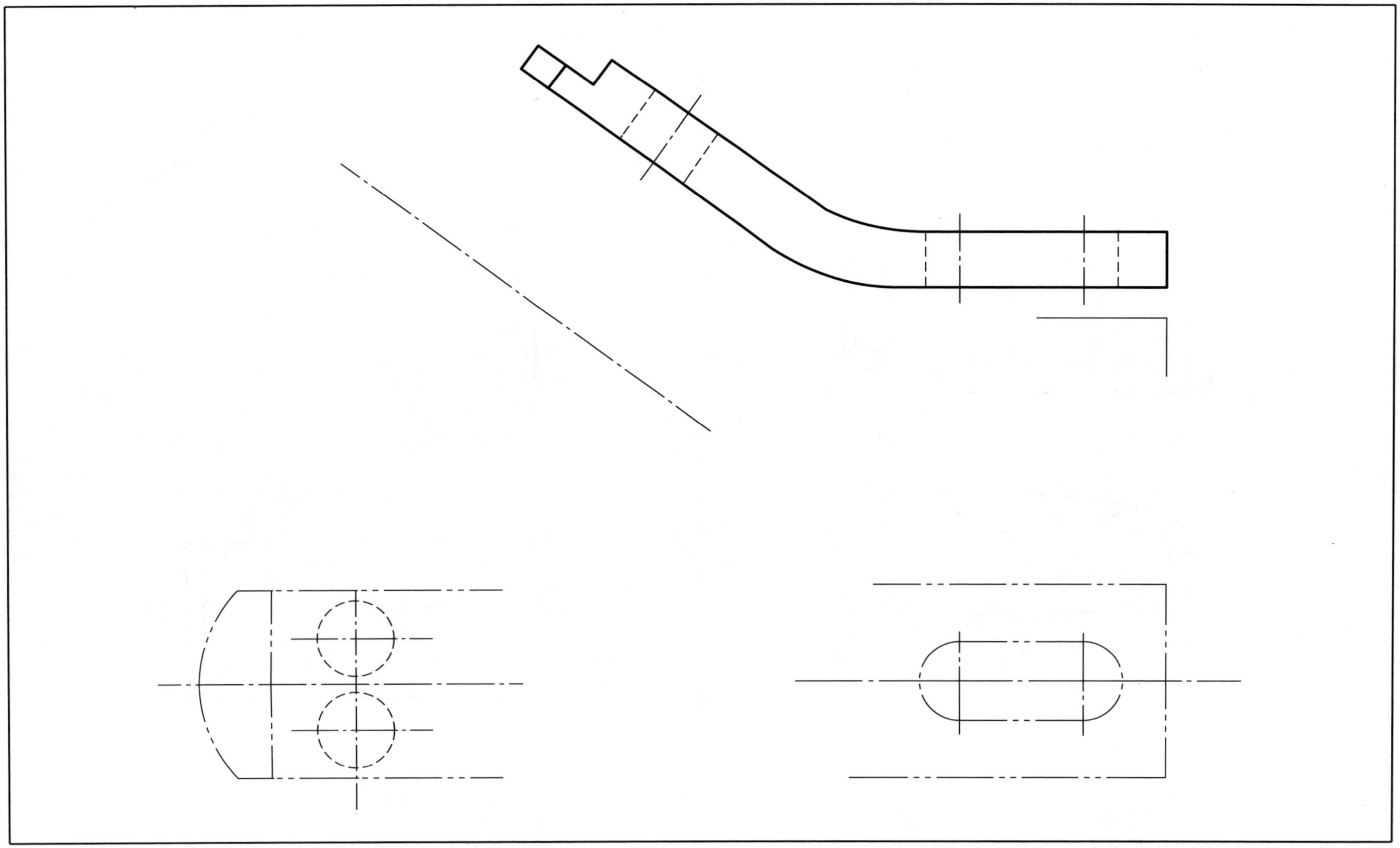

班级　　　　　　　　姓名　　　　　　　　学号

6-5 基本视图 AutoCAD 练习（打开文件 6-5. dwg）

1. 画出 A 向局部视图和 B 向斜视图。

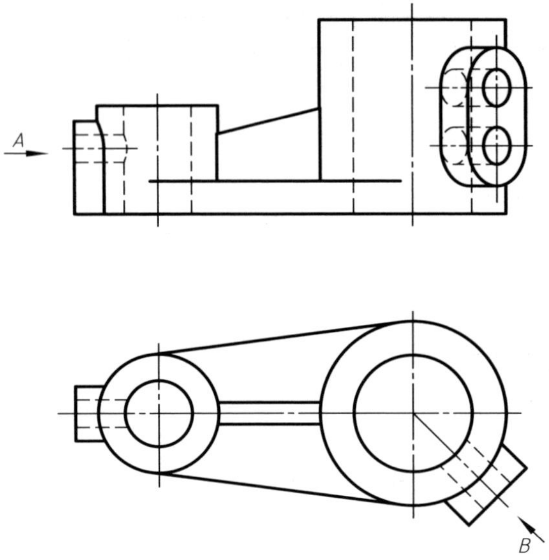

2. 画出 A 向斜视图。

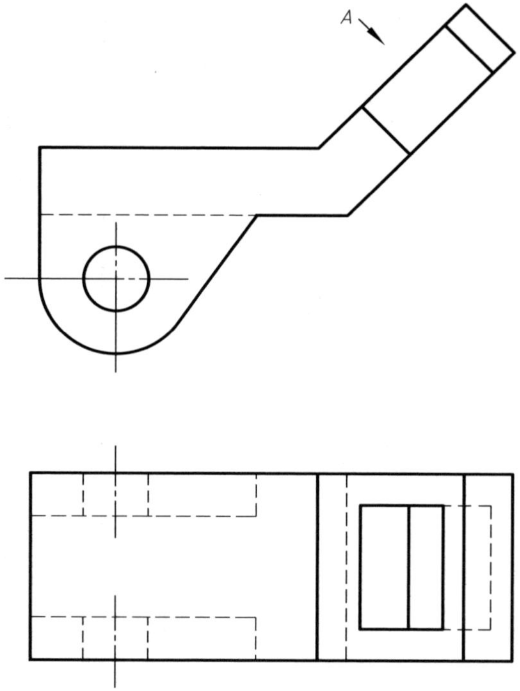

班级　　　　　　姓名　　　　　　学号

6-6 补齐剖视图中的漏线，或用“×”去掉多余的线

1

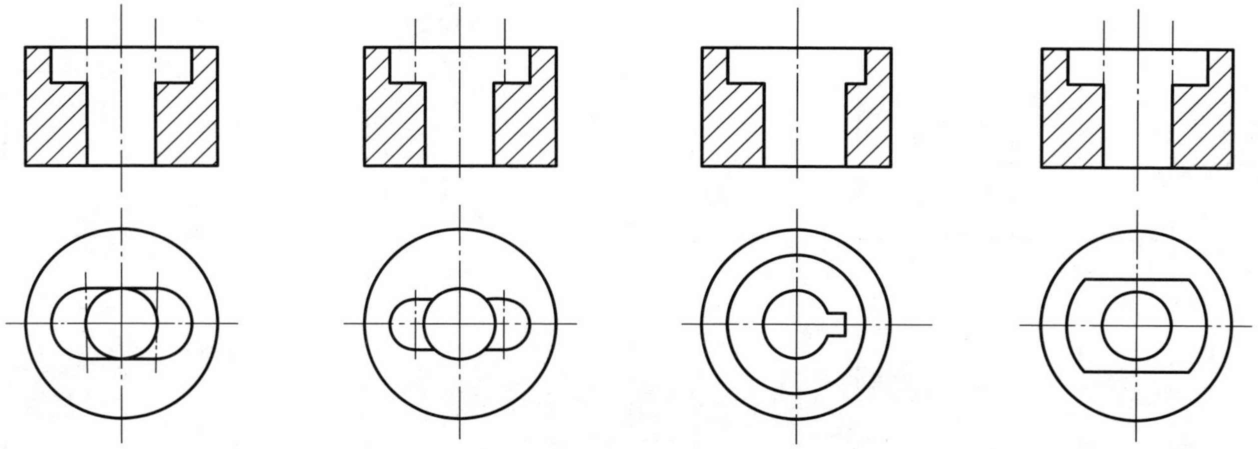

2

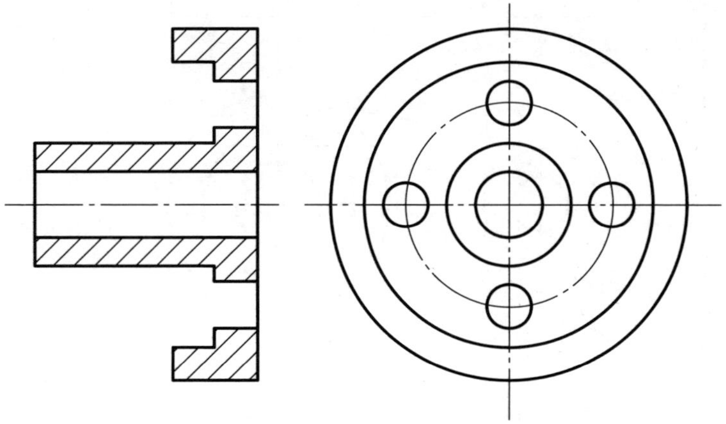

3

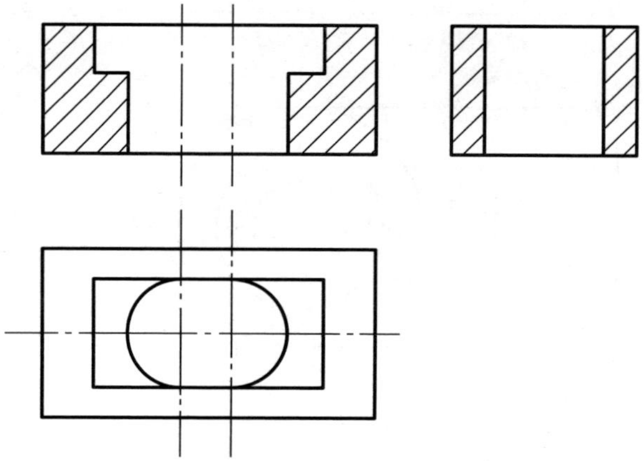

班级　　　　　　姓名　　　　　　学号

6-7　在指定位置将主视图改画成全剖视图

1

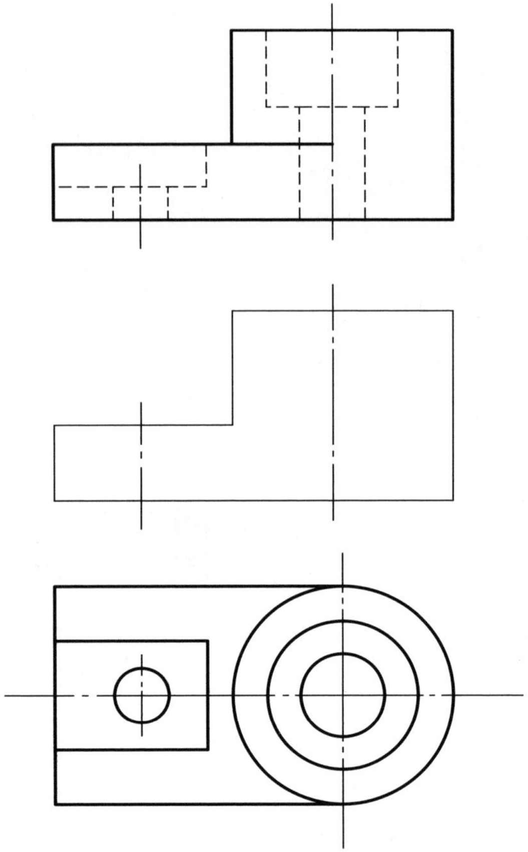

2

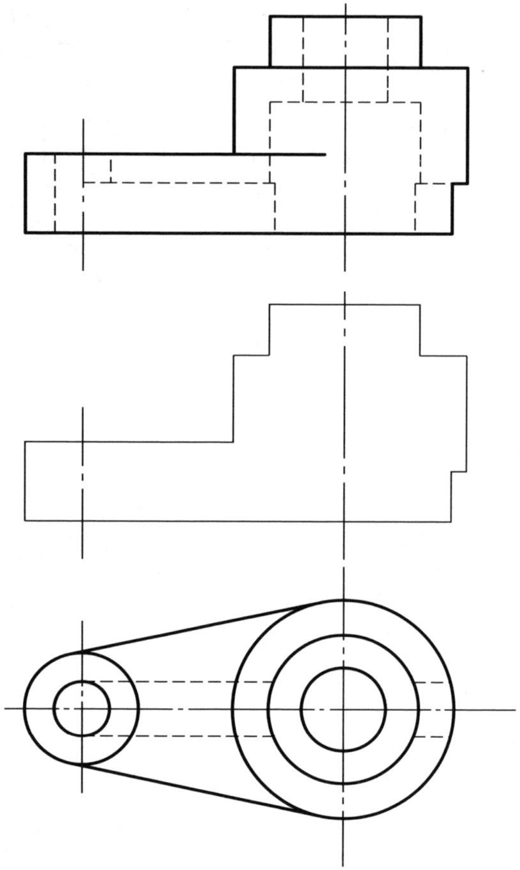

班级　　　　　　姓名　　　　　　学号

6-8 **剖视图 AutoCAD 练习**（打开文件 6-8. dwg，在指定位置，将主视图改画成全剖视图）

1

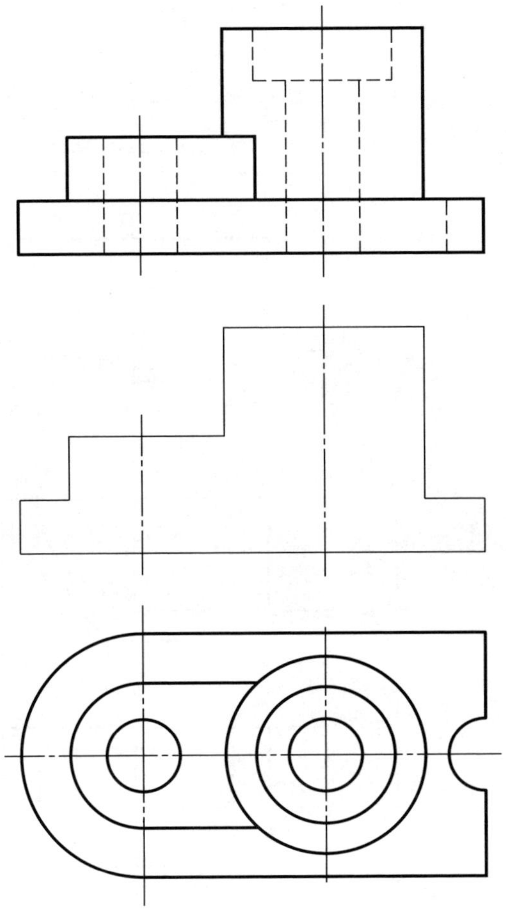

2

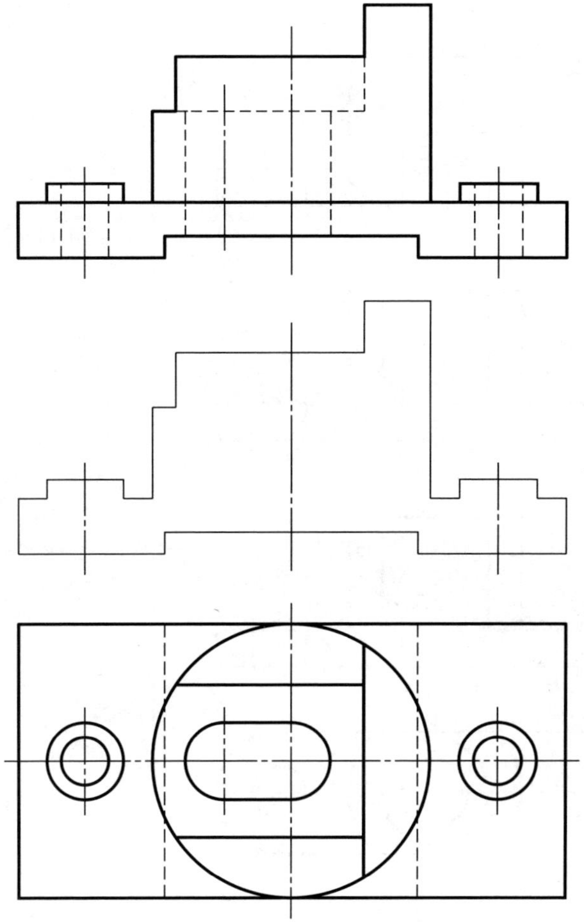

班级　　　　　　姓名　　　　　　学号

6-9　选择正确的主视图，在括号内画（√）

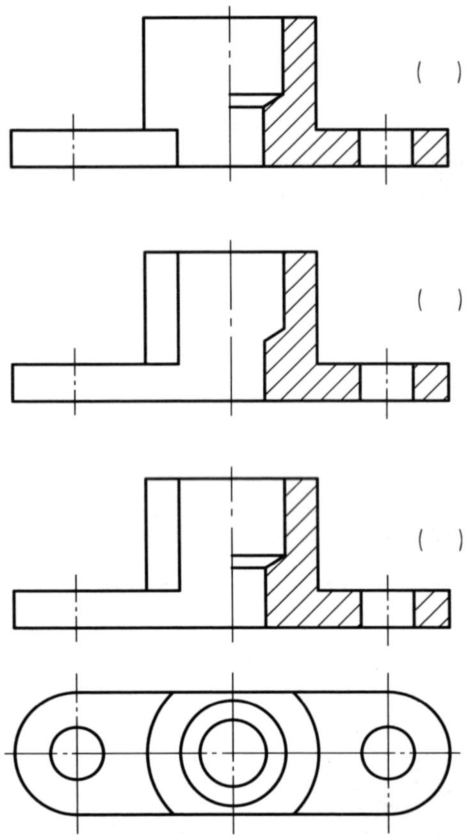

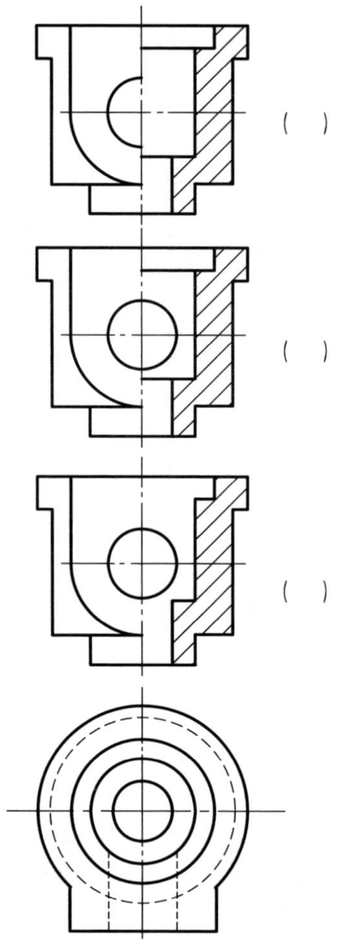

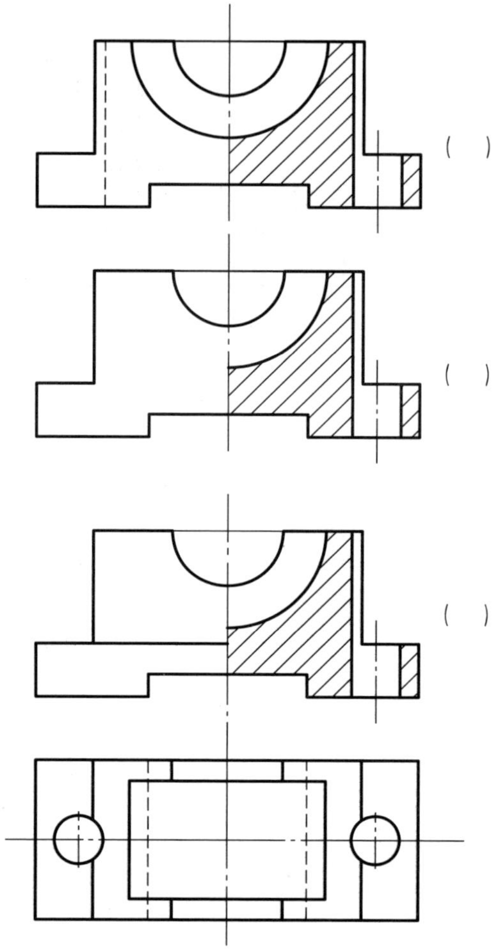

班级　　　　　　　姓名　　　　　　　学号

6-10　在指定位置，将主视图改画成半剖视图

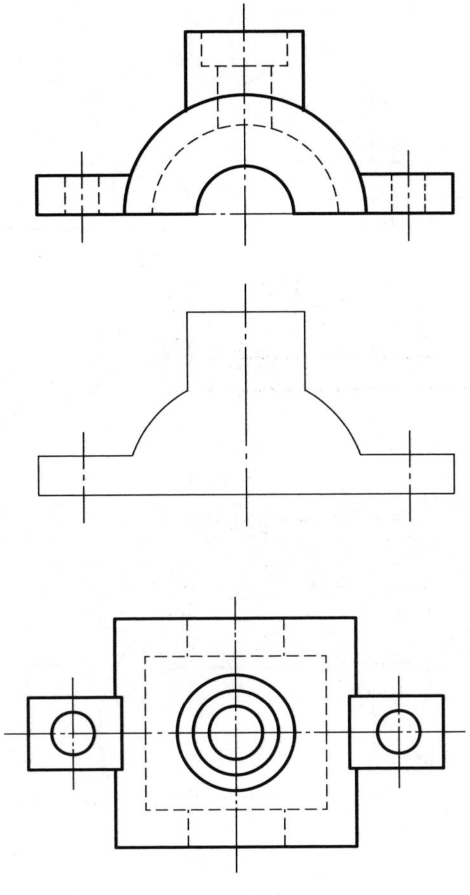

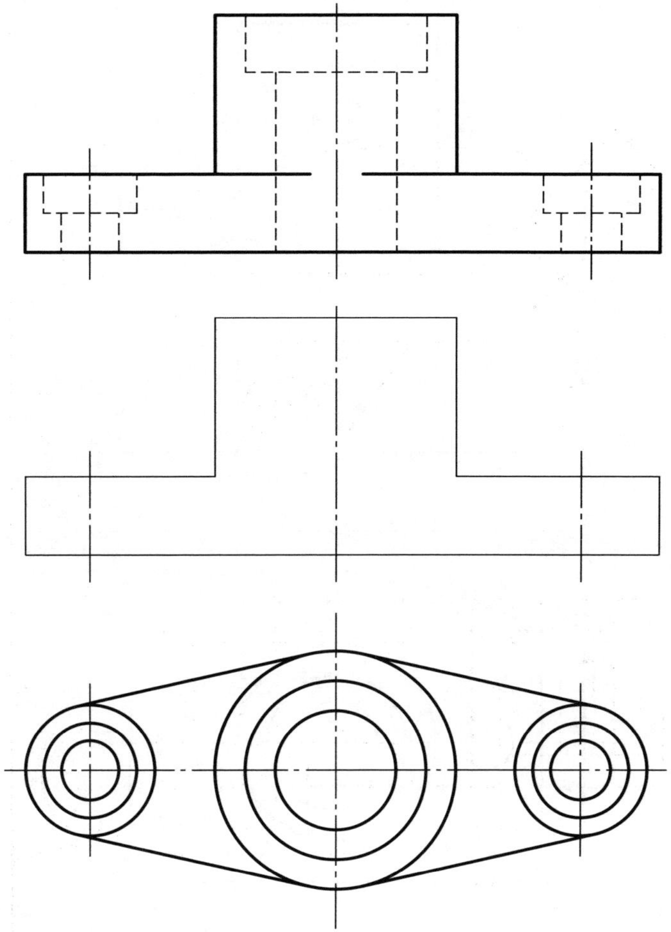

班级　　　　　　　　姓名　　　　　　　　学号

6-11　**剖视图 AutoCAD 练习**（打开文件 6-11. dwg，在指定位置，将主视图改画成半剖视图）

1

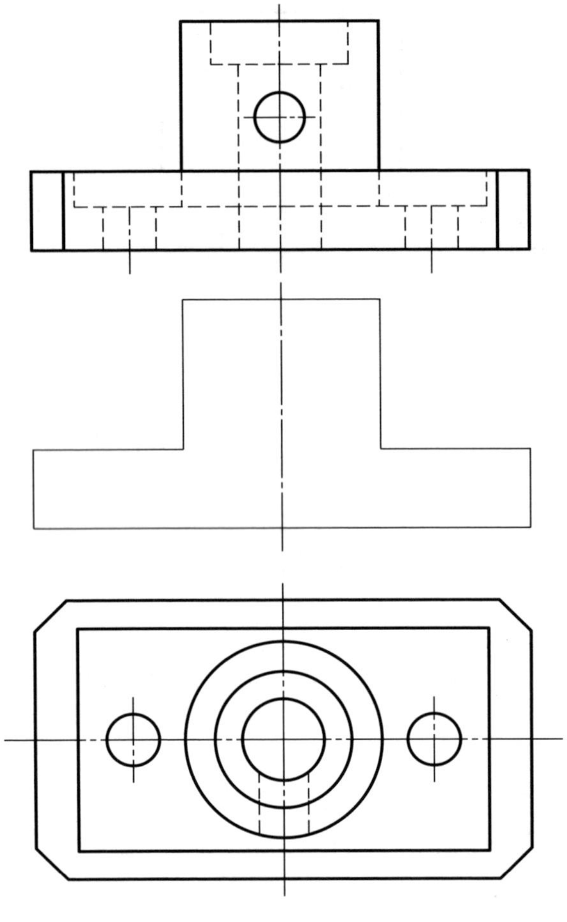

2

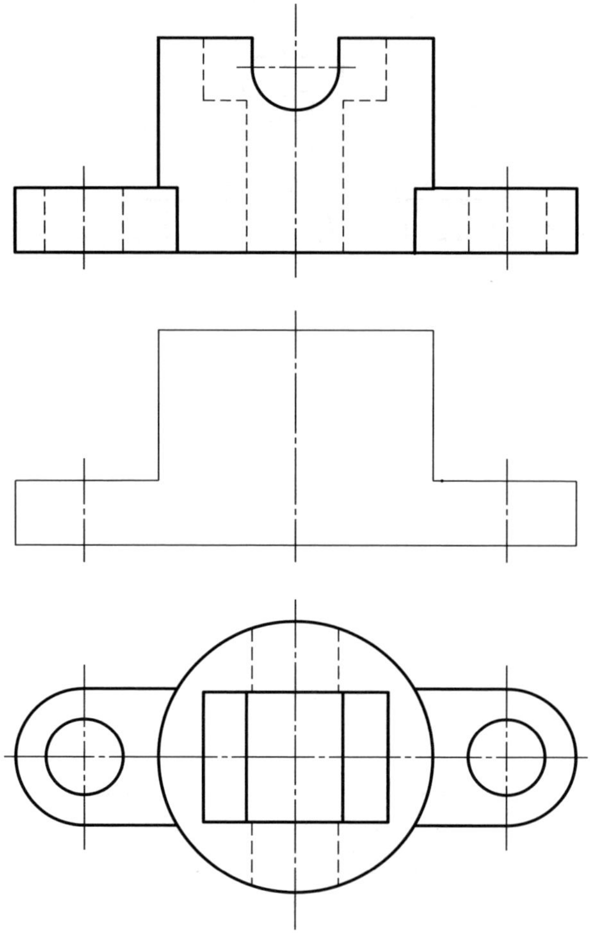

班级　　　　　　　姓名　　　　　　　学号

6-12　**剖视图 AutoCAD 练习**（打开文件 6-12. dwg，将主视图改画成半剖图，并补全剖的左视图）

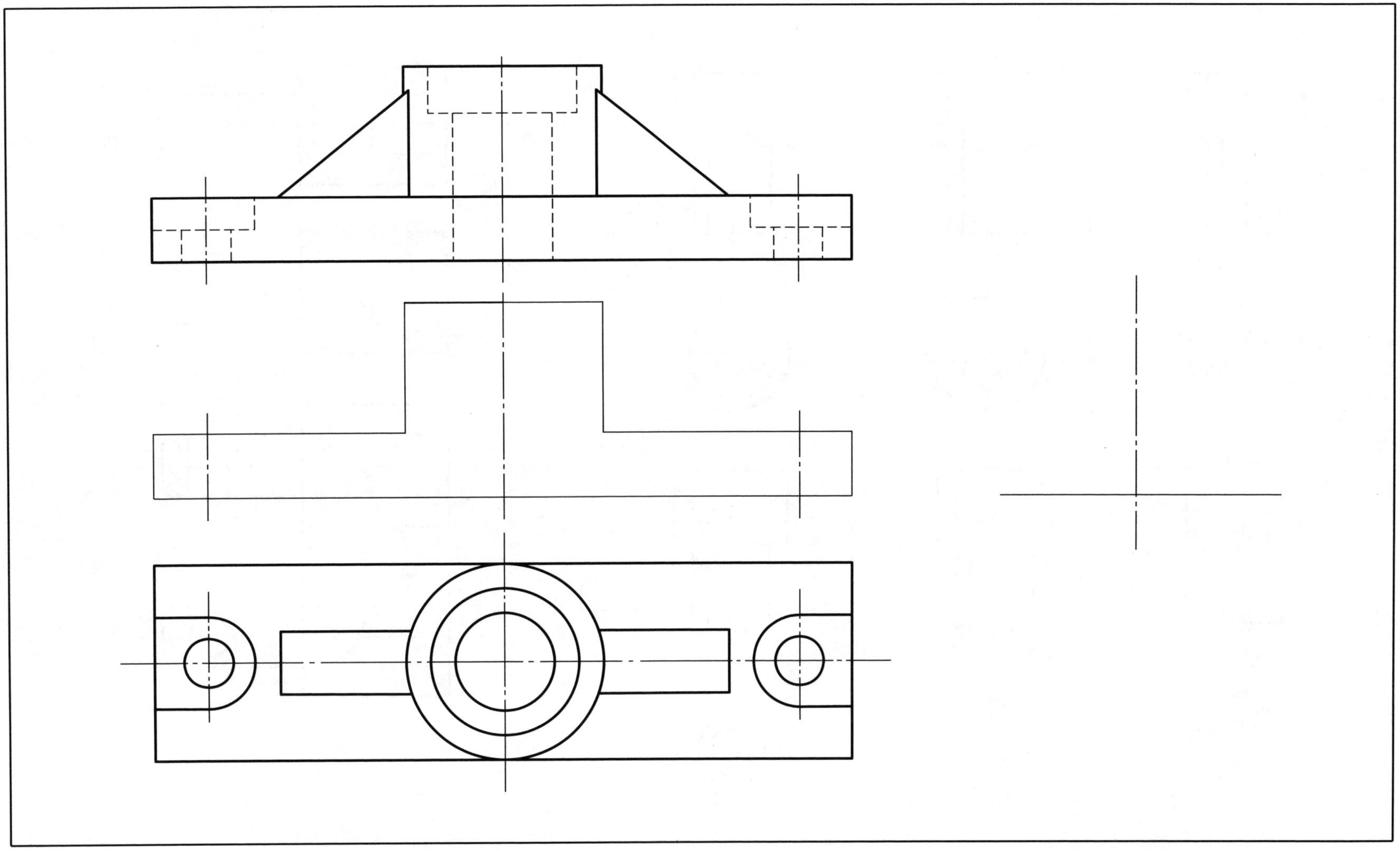

班级　　　　　　姓名　　　　　　学号

6-13　判断下列局部剖视图的画法是否正确（正确的打√，错误的打×）

1

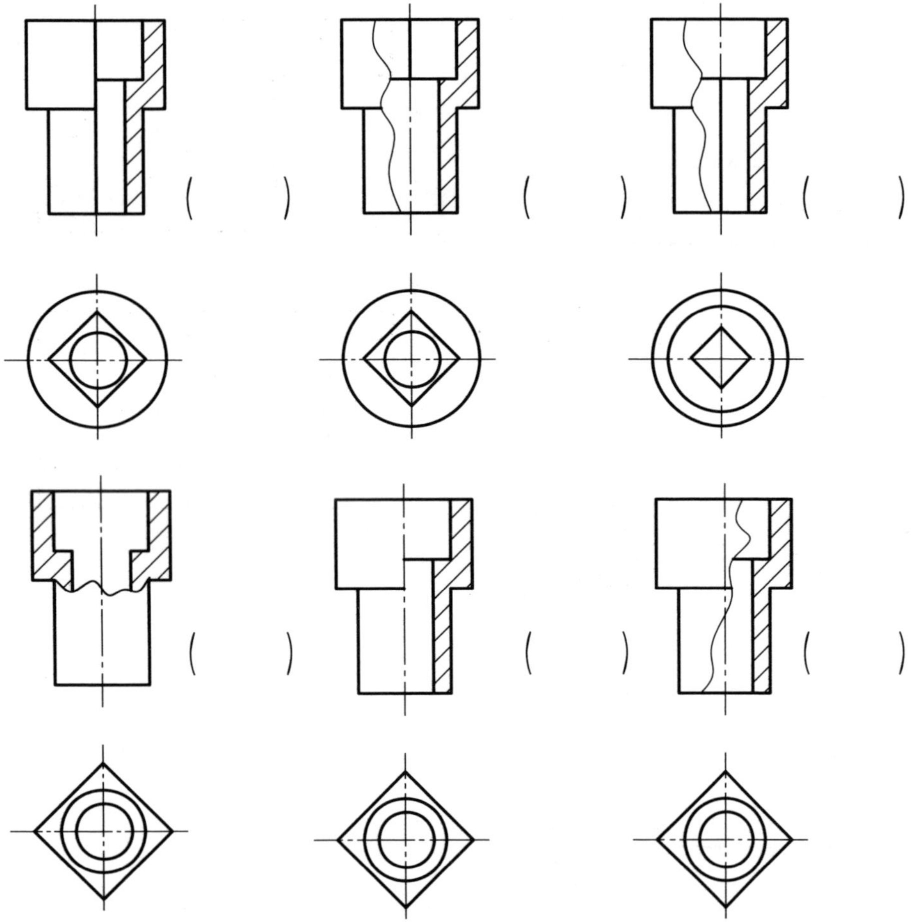

2

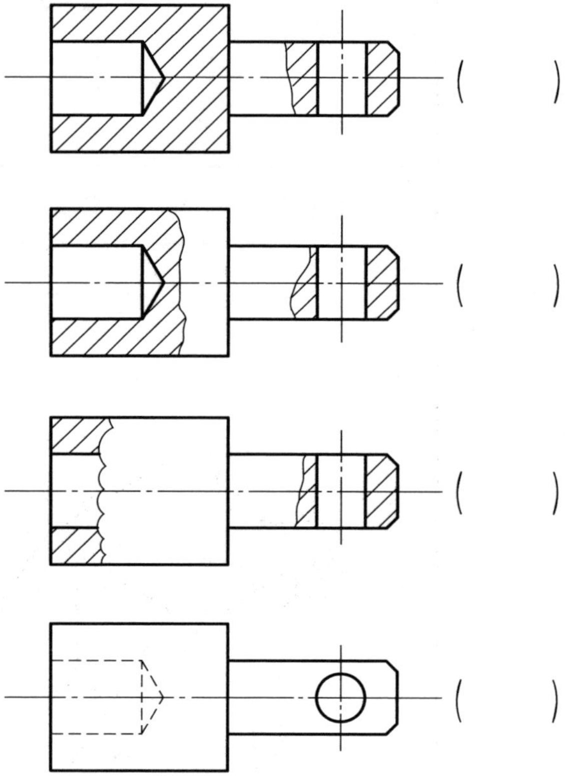

班级　　　　姓名　　　　学号

6-14 在适当的部位作局部剖视图（多余的线画×）

1

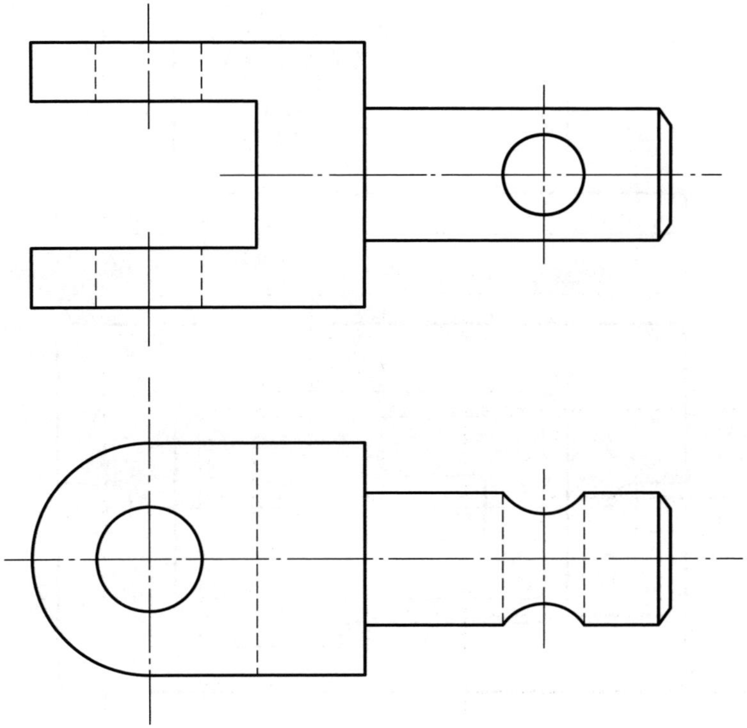

2

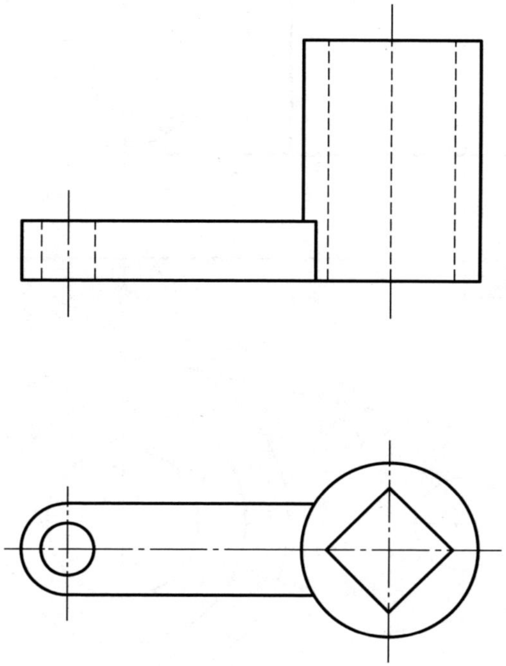

班级　　　　　　姓名　　　　　　学号

6-15 **剖视图 AutoCAD 练习**（打开文件 6-15. dwg，在适当位置将主、俯视图改为局部剖视图）

1

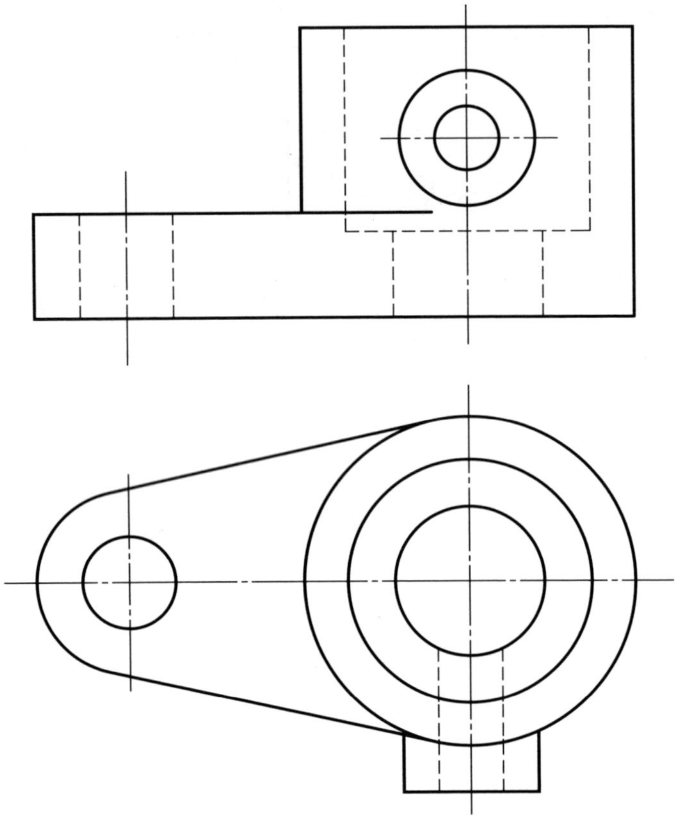

2

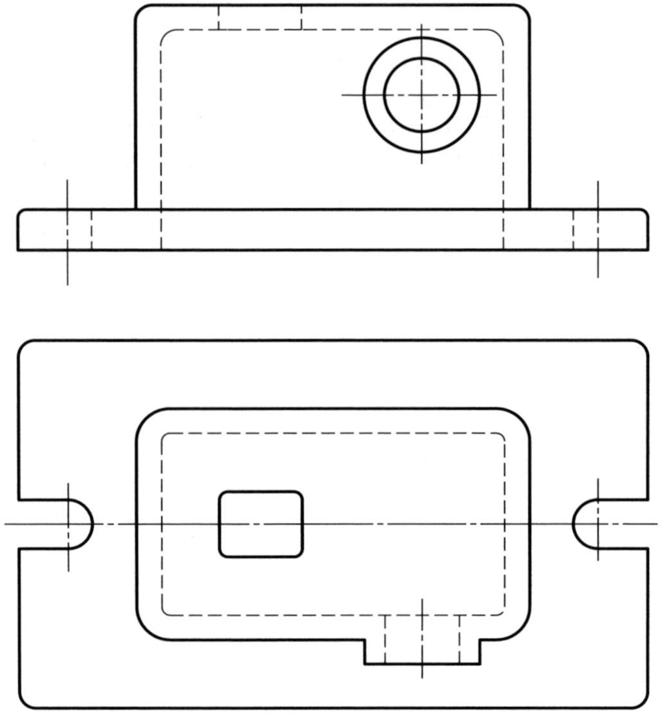

班级　　　　　　姓名　　　　　　学号

6-16　画出用单一剖切面获得的全剖视图 *B*—*B*

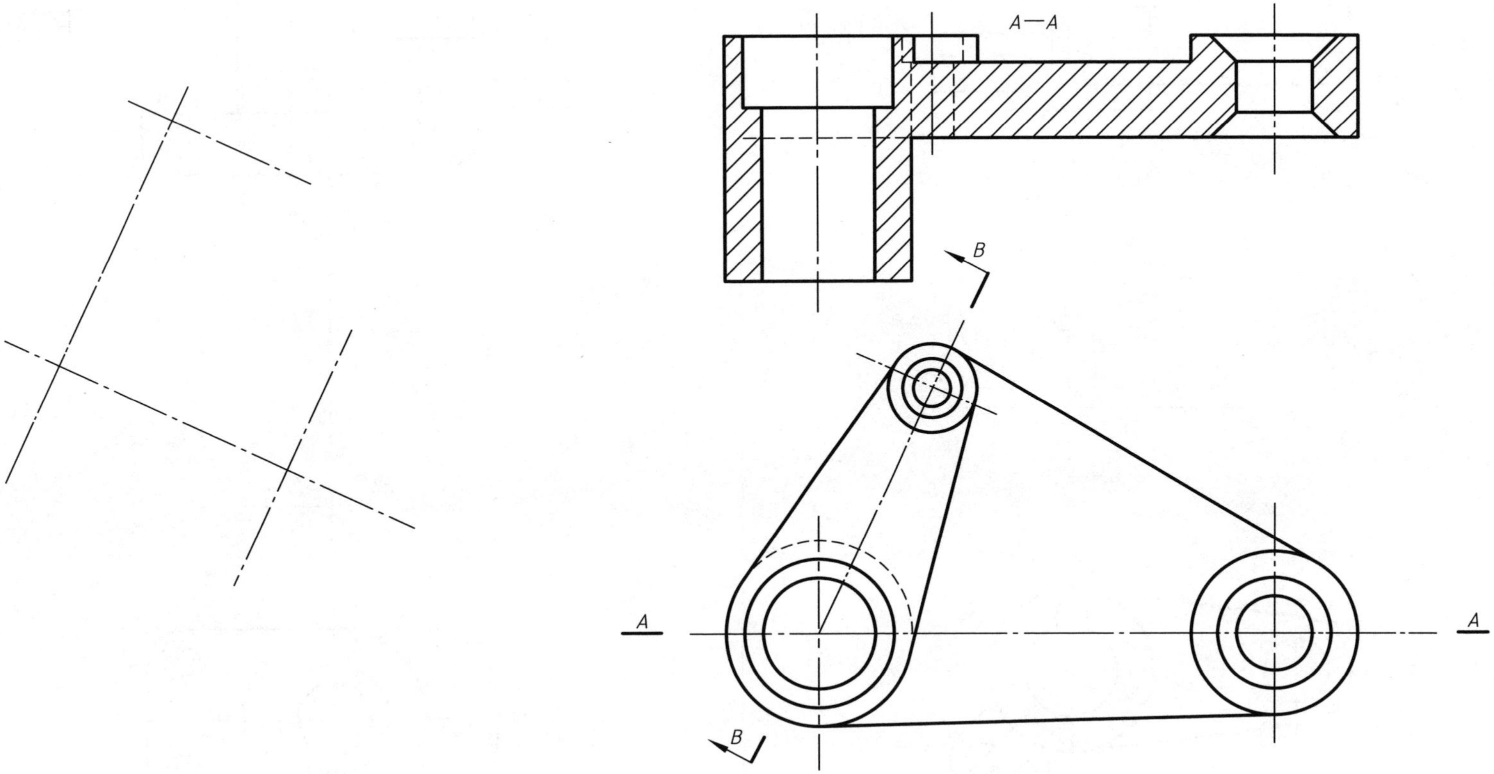

班级　　　　　　　姓名　　　　　　　学号

6-17　在指定位置画出用几个相交的剖切面剖切后的全剖主视图，并进行标注

1

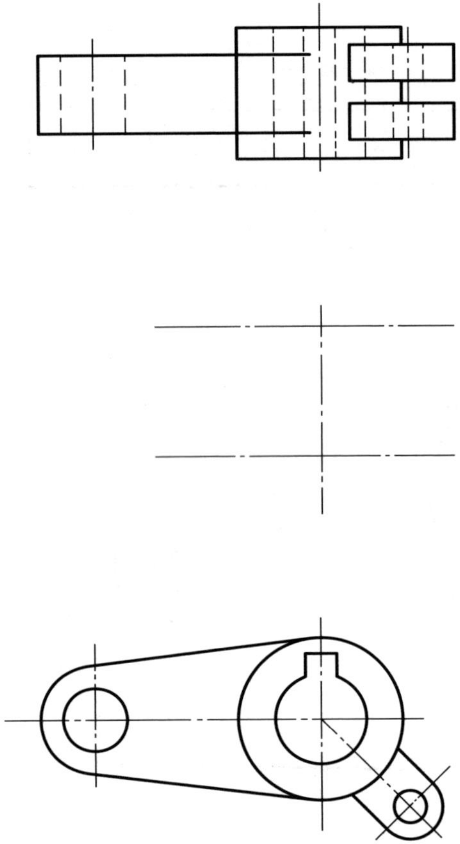

2

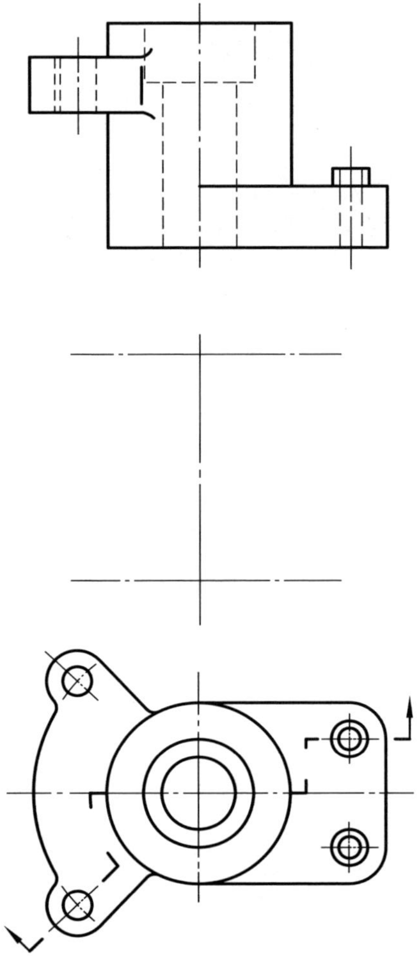

班级　　　　　　　姓名　　　　　　　学号

6-18 用平行的剖切平面，将主视图改画成剖视图，并按规定标注

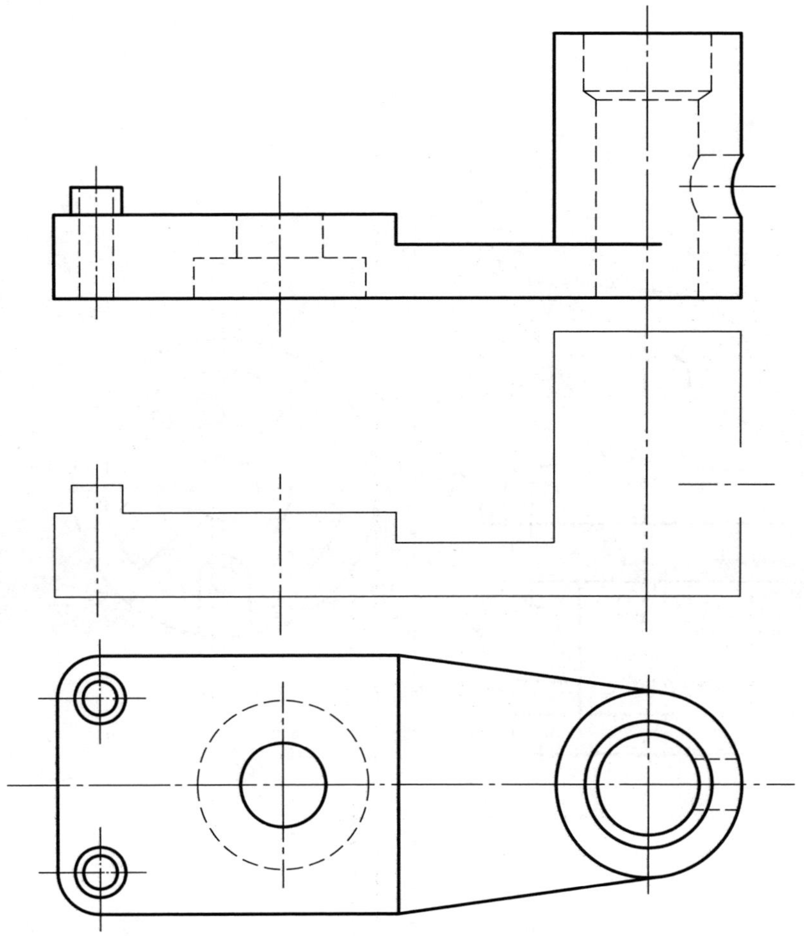

班级 姓名 学号

6-19 剖视图 AutoCAD 练习（打开文件 6-19.dwg）

1. 画 $A—A$ 斜剖视图，$B—B$ 移出断面图。

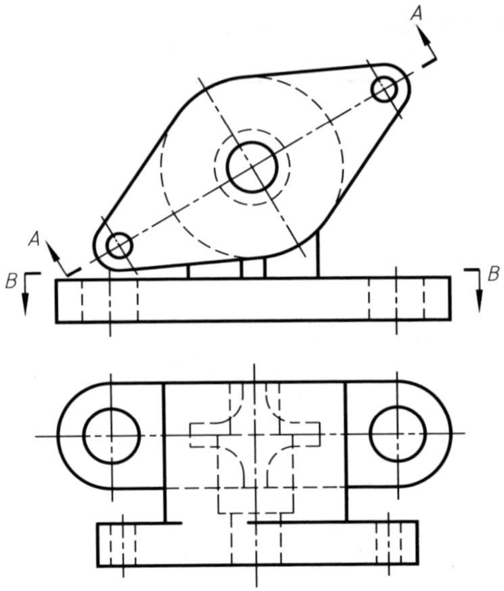

2. 将零件的左视图在指定位置改为旋转剖视图。

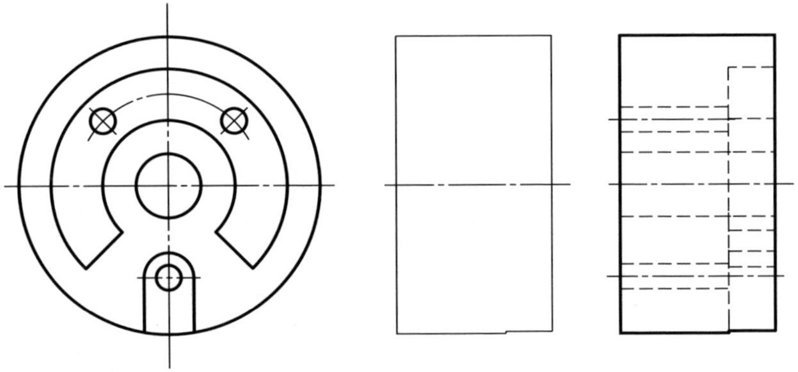

班级 姓名 学号

6-20 剖视图 AutoCAD 练习（打开文件 6-20.dwg）

1. 将零件的俯视图在指定位置采用旋转剖视图画出。

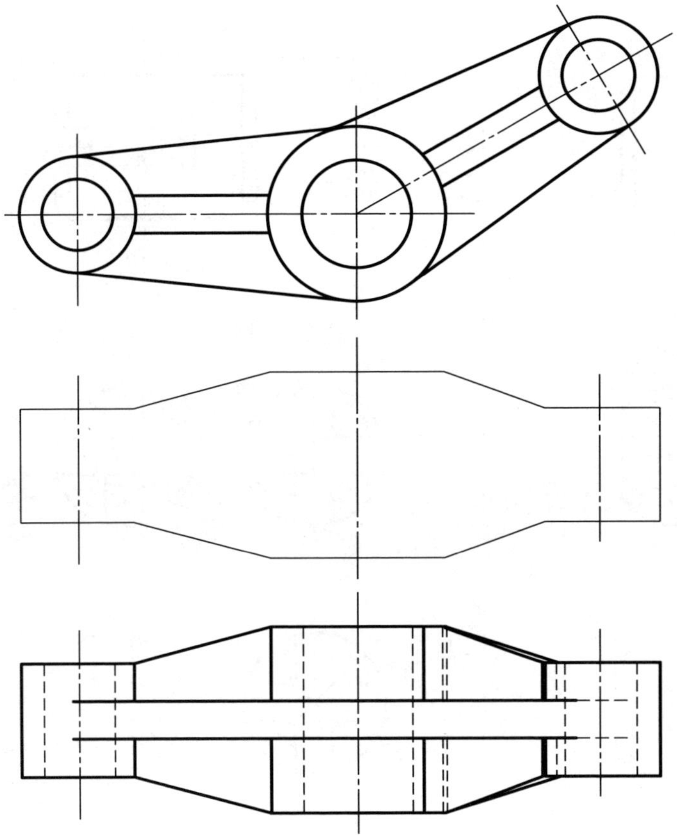

2. 将零件的俯视图在指定位置采用阶梯剖视图画出。

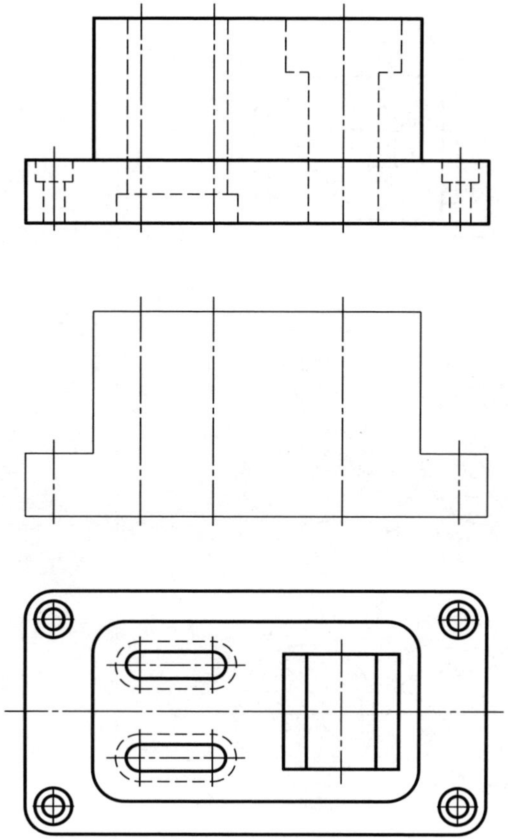

班级　　　　姓名　　　　学号

6-21 找出正确的移出断面，在括号内画（√）

1

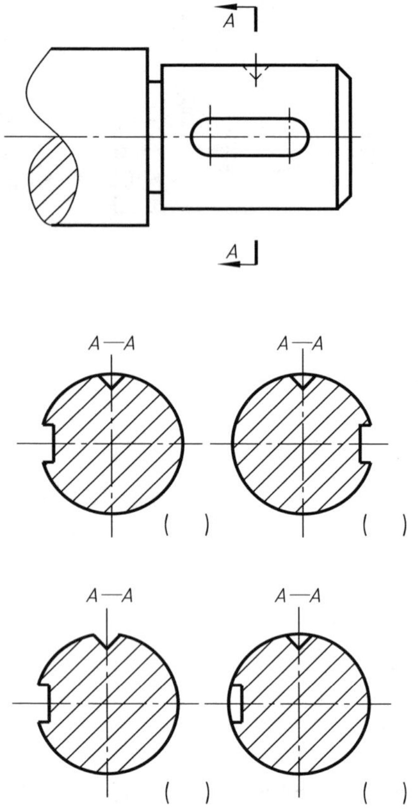

2

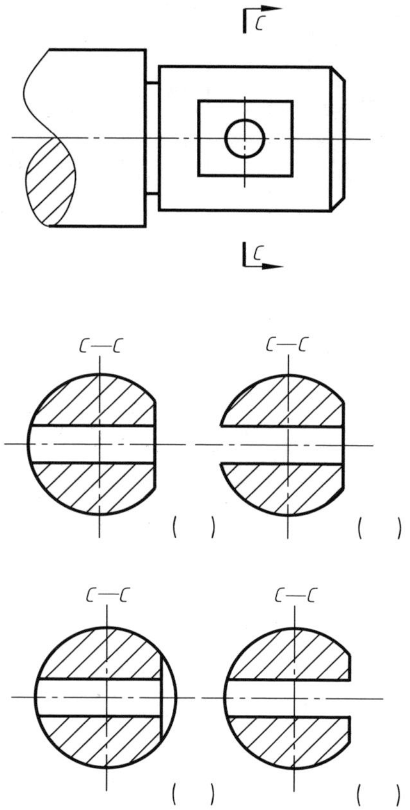

3

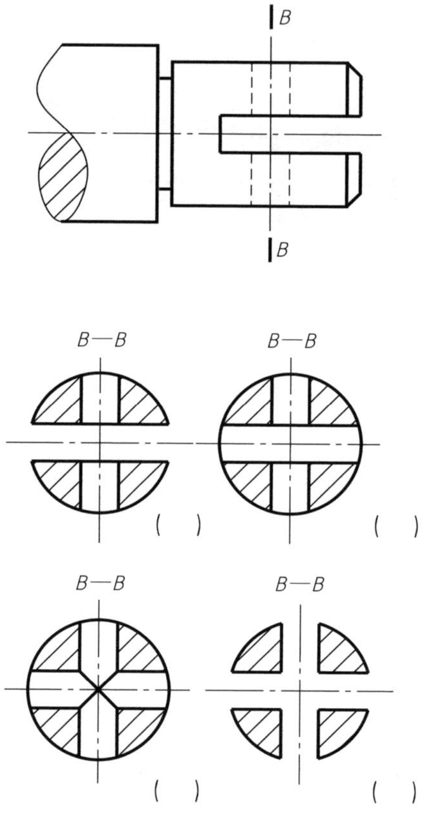

班级　　　　姓名　　　　学号

6-22 画出指定位置移出断面，并按规定标注（左槽深4，中间深5，右侧槽宽为10，其他尺寸从图中量取）

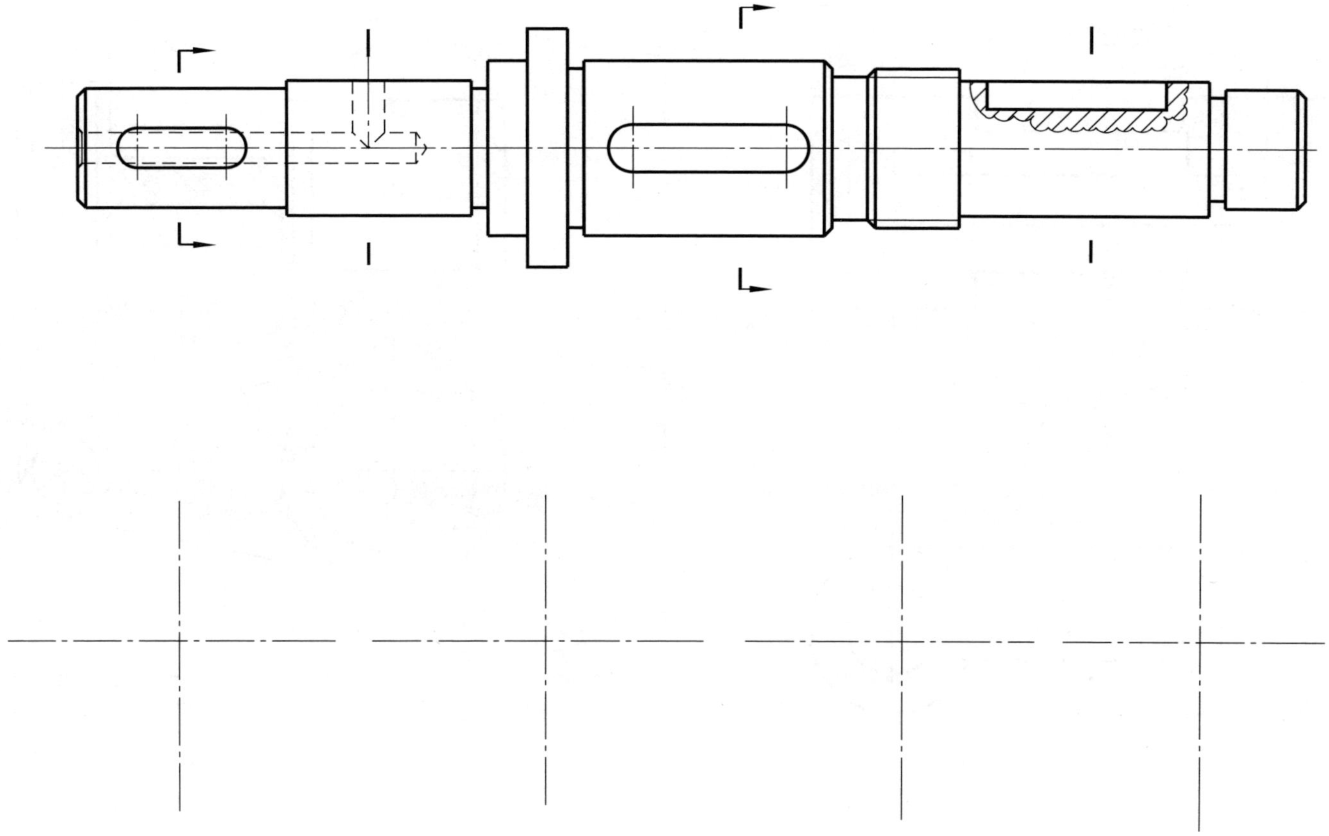

班级　　　　　　姓名　　　　　　学号

6-23 重合断面和移出断面图

1. 在连杆的俯视图中部指定位置画重合断面图。

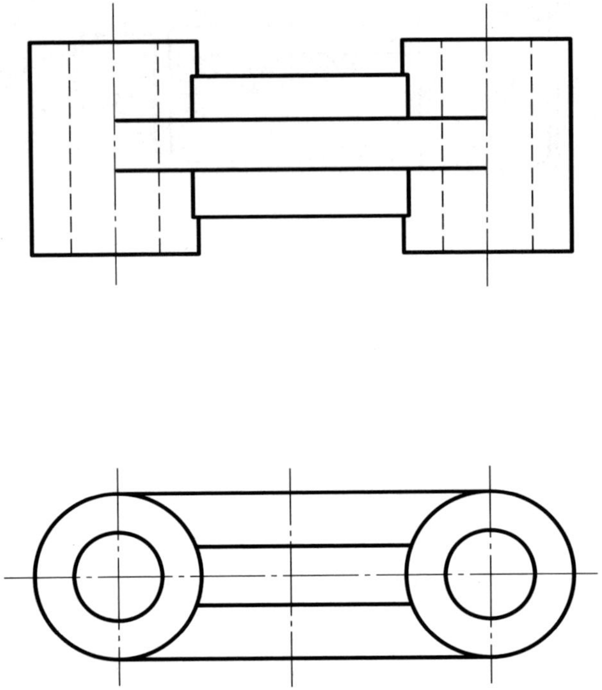

2. 在连杆的俯视图下方给定位置画移出断面图。

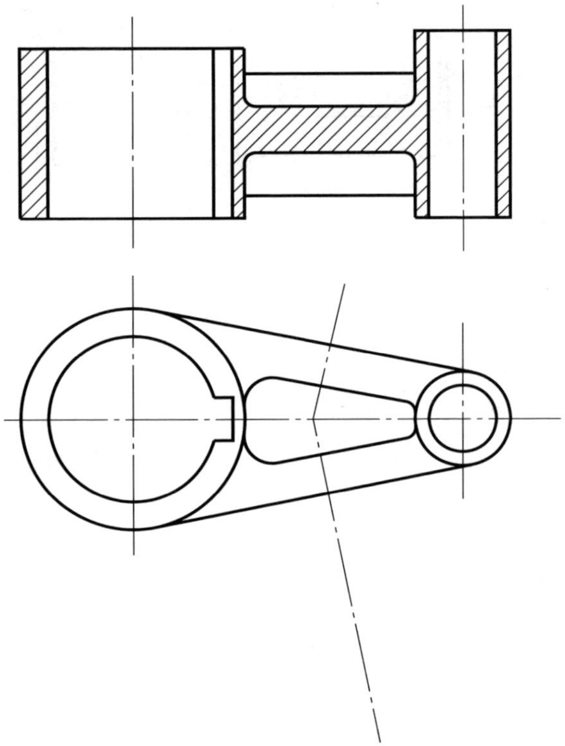

班级　　　　姓名　　　　学号

6-24 剖视图 AutoCAD 练习（打开文件 6-24.dwg）

1. 在指定位置画移出断面图。

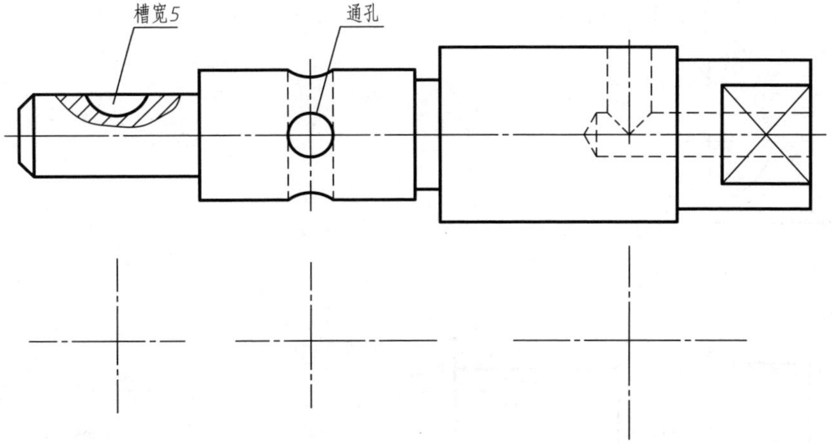

2* 在指定位置画移出断面图。

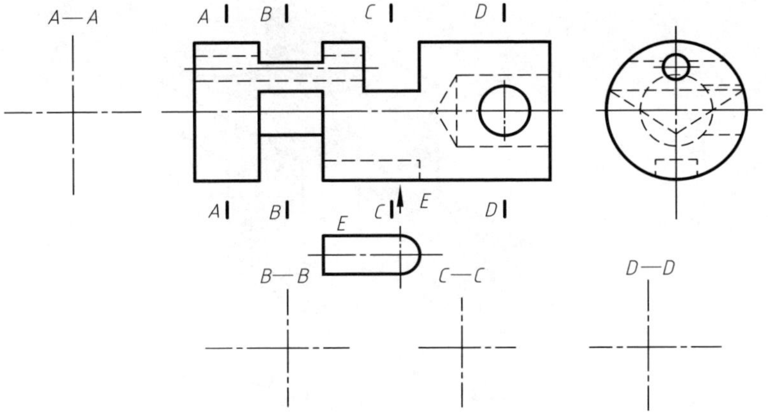

3. 在指定位置画 A—A 重合断面图。

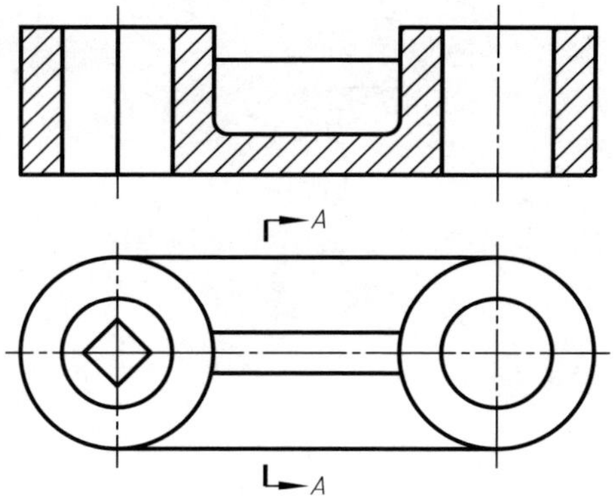

班级　　　　姓名　　　　学号

6-25 **第三角画法 AutoCAD 练习**［打开文件 6-25. dwg，根据前视图、顶视图、右视图，补画后、底、左视图（按基本视图位置配置）］

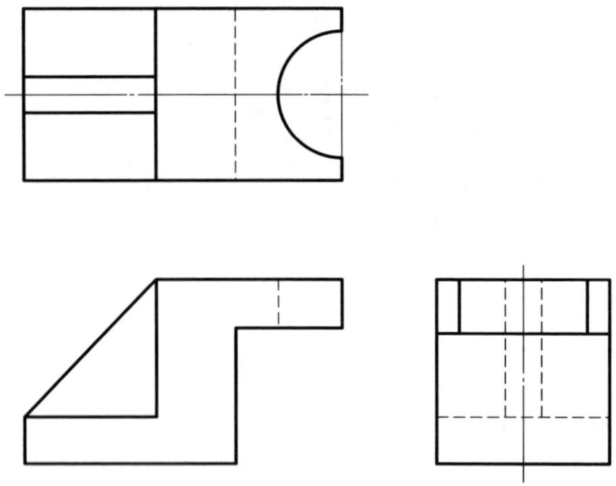

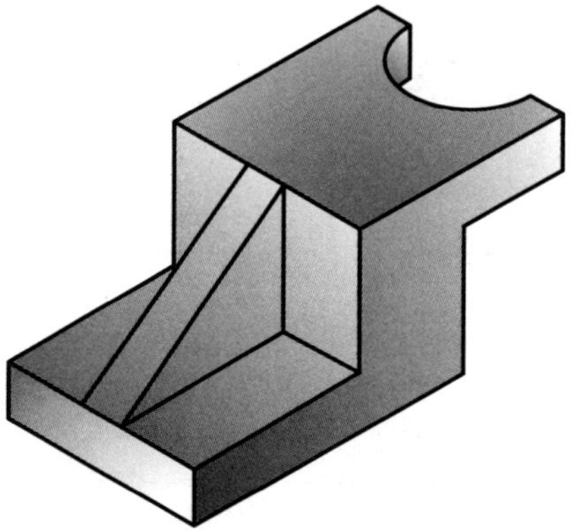

班级　　　　　　　　姓名　　　　　　　　学号

模块七　标准件和常用件

7-1　分析下图中螺纹画法的错误，并在下方画出正确的图形

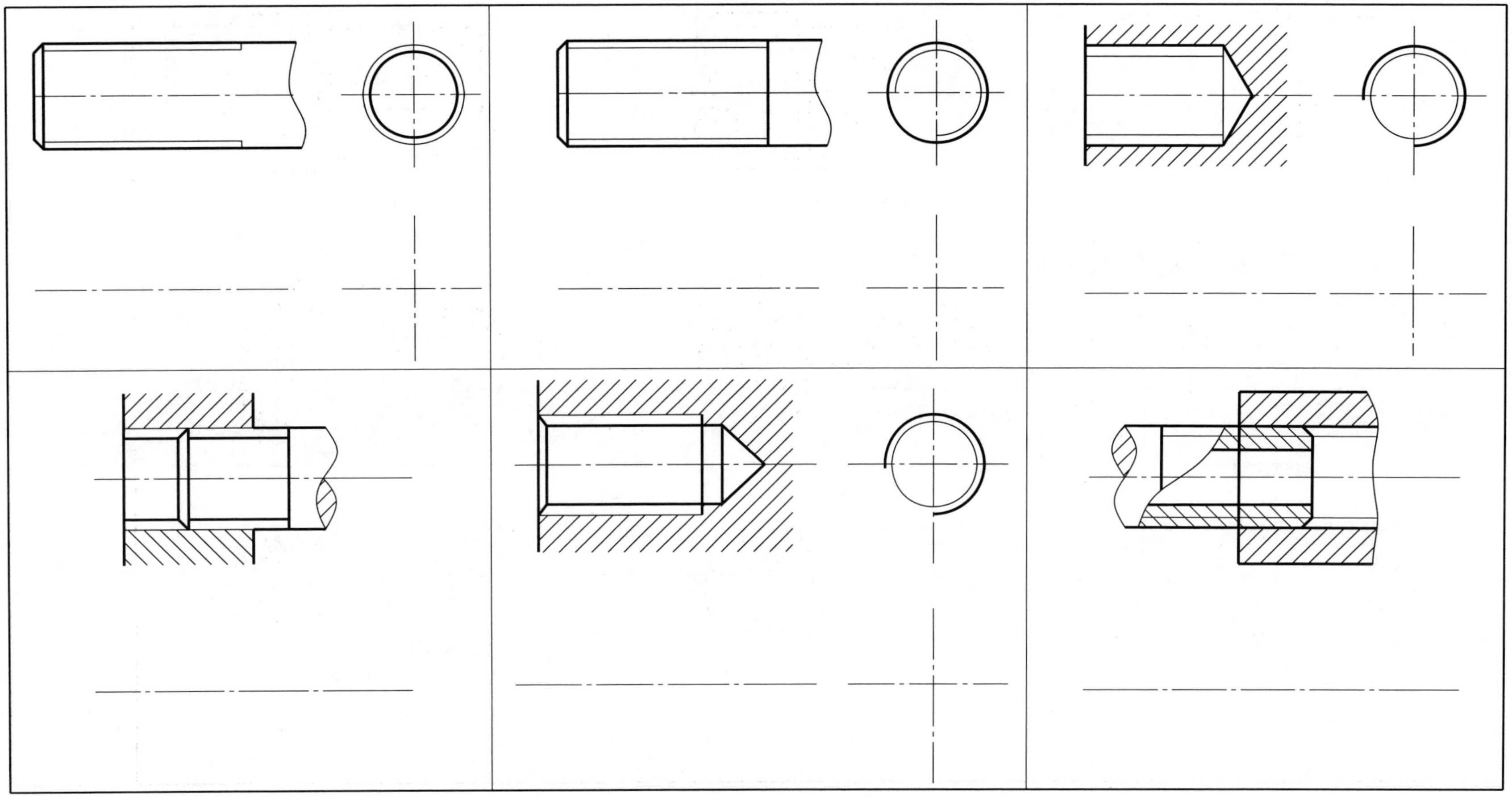

班级　　　　　　姓名　　　　　　学号

7-2　螺纹代号及其标注

1. 改正下列螺纹标注的错误。

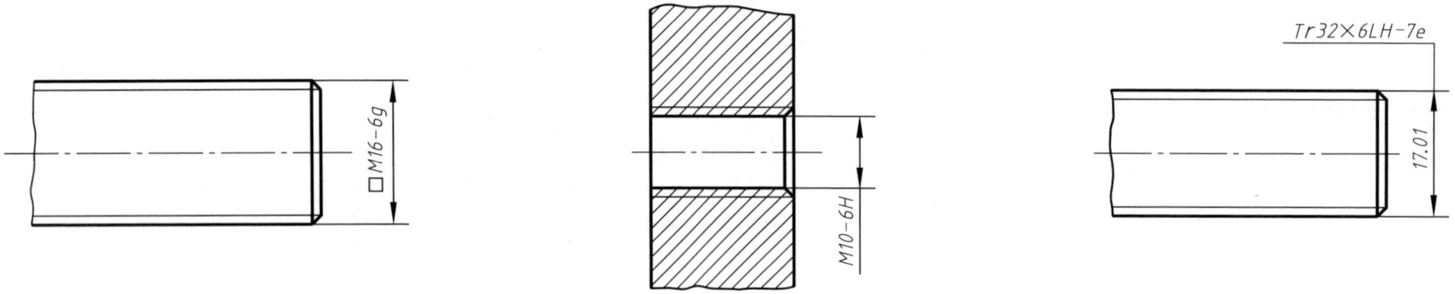

2. 指出下列代号的含义，并按项填写下表。

项目 / 代号	螺纹名称	内、外螺纹	大径	小径	导程	螺距	线数	旋向	公差带		旋合长度
									中径	顶径	
M24-6g											
M20×1.5-6h											
M16-6H											
$G1\frac{1}{4}$-LH											
$R2\frac{1}{2}$											

班级　　　　姓名　　　　学号

7-3 内外螺纹及其连接画法

1. 完成下列外螺纹制件的三个视图（要求：螺纹长度 30，倒角 C2，比例 1：1）。

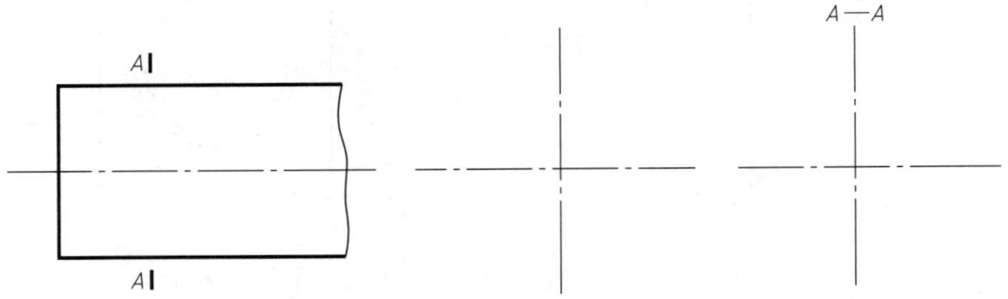

2. 完成下列内螺纹制件的三个图形（要求：螺孔通透，大径 12，左端倒角 C2，比例 1：1）。

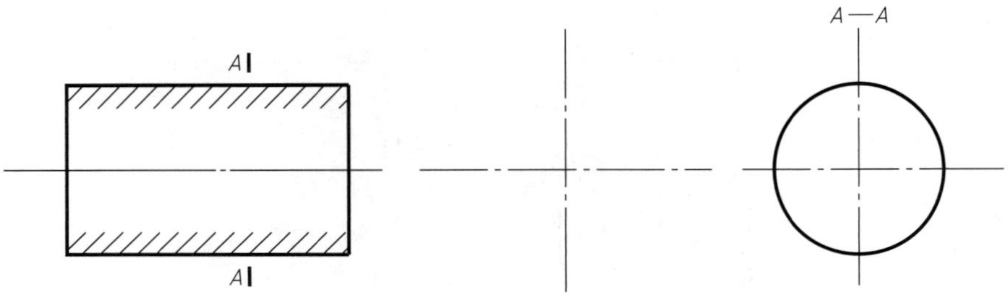

3. 完成内、外螺纹连接的两视图（将一长度为 30 的外螺纹旋入下面内螺纹中。要求：内螺纹大径 14，钻孔深度 32，螺孔深度 25，倒角 C2，外螺纹旋入深度 18，比例 1：1）。

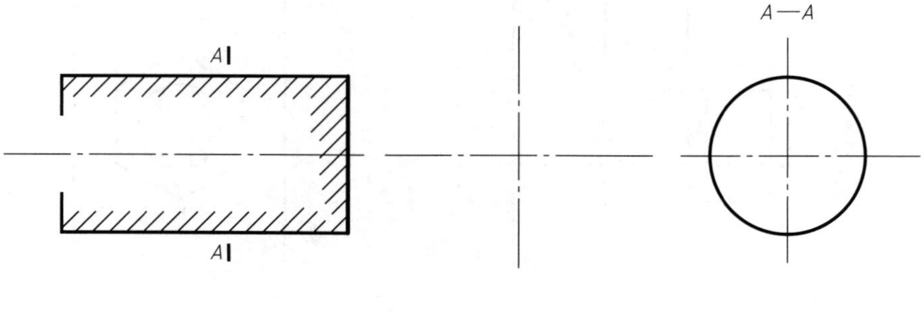

班级　　姓名　　学号

7-4 **螺纹连接的画法**

1. 分析下面螺栓连接画法中的错误，在右边画出正确的图形。

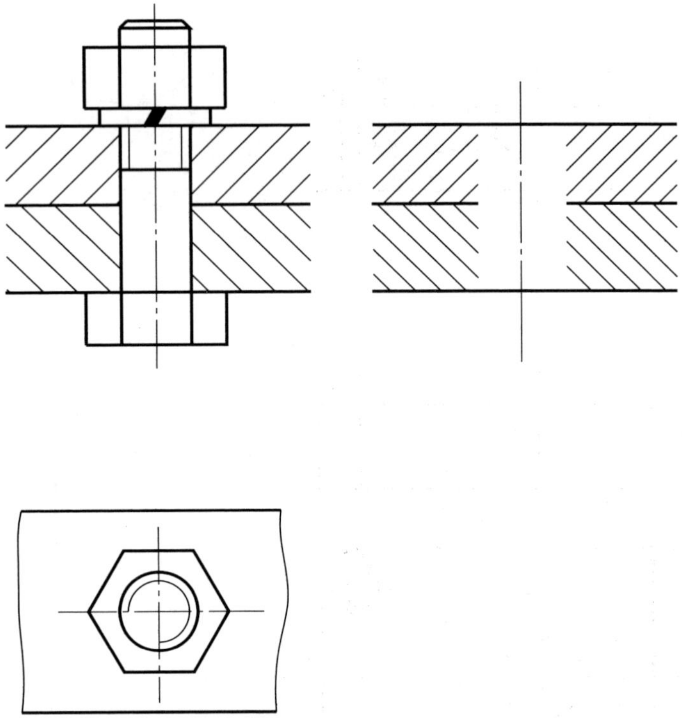

2. 分析下面螺钉连接画法中的错误，在右边画出正确的图形。

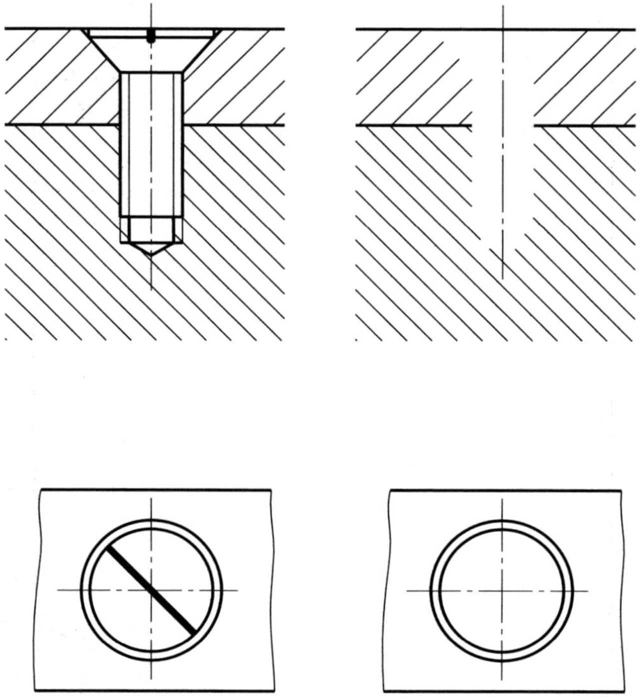

班级　　　　　　　　姓名　　　　　　　　学号

7-5 **螺纹连接件 AutoCAD 练习**（打开 7-5.dwg，分析下列三组机件的连接情况，根据孔径选择合适的螺纹连接件，采用比例画法完成其主、俯两视图）

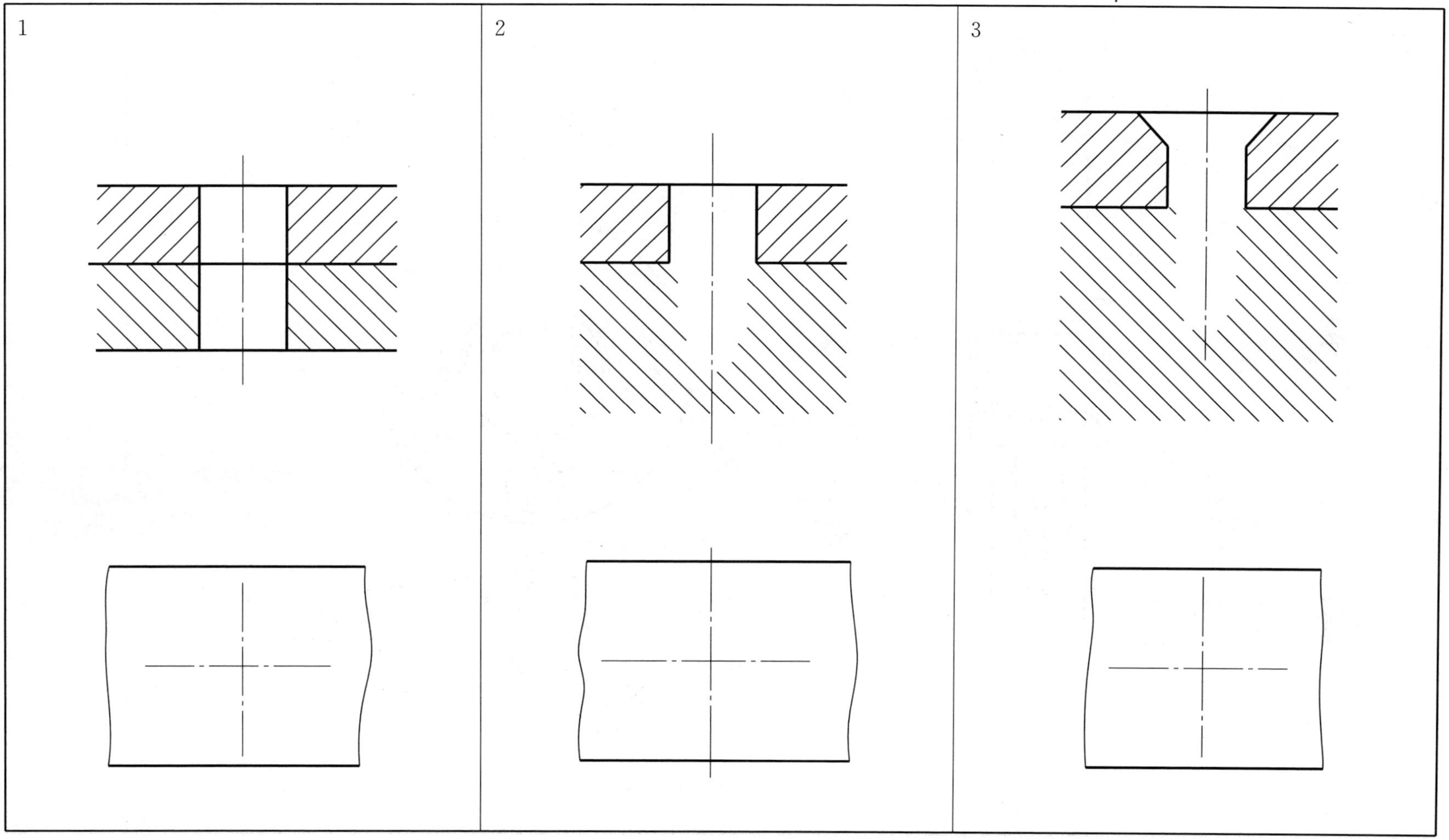

班级　　　　　　　　姓名　　　　　　　　学号

7-6 已知直齿圆柱齿轮 $m=5$、$z=40$，轮齿端部倒角 $C2.5$，完成工作图（比例 1∶2），并标注尺寸

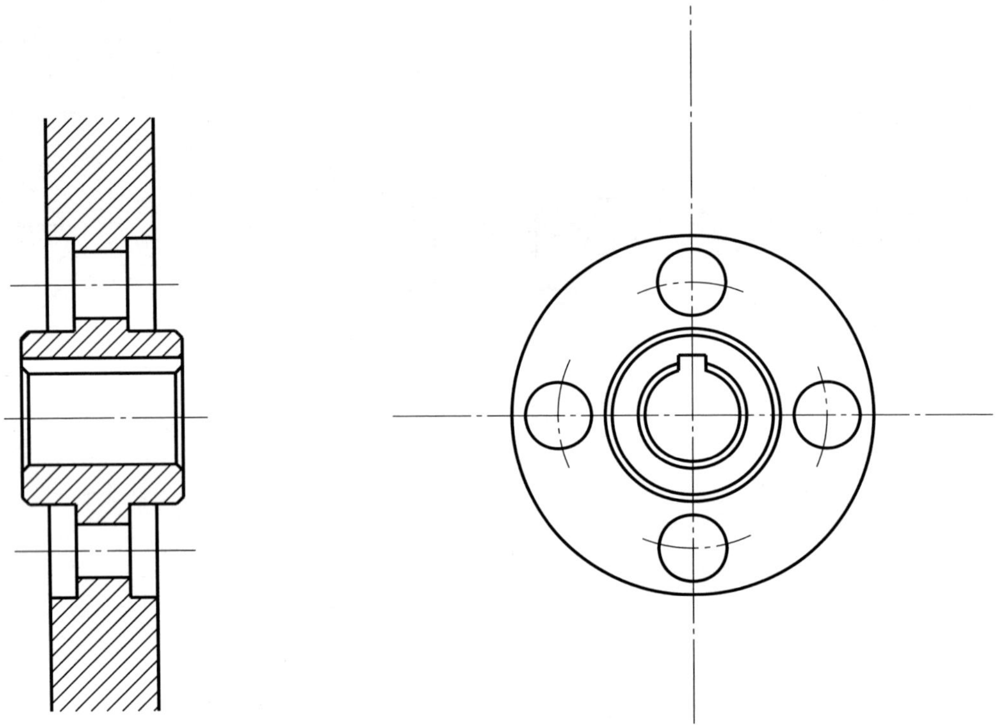

班级　　　　　　姓名　　　　　　学号

7-7 齿轮 AutoCAD 练习［打开 7-7. dwg；已知一对啮合的直齿圆柱齿轮，大齿轮 $m=2$、$z=40$，中心距 $a=73$，轮齿端部倒角均为 $C2$，试计算齿轮各部分的尺寸，并完成啮合图（按 1∶1 比例作图）］

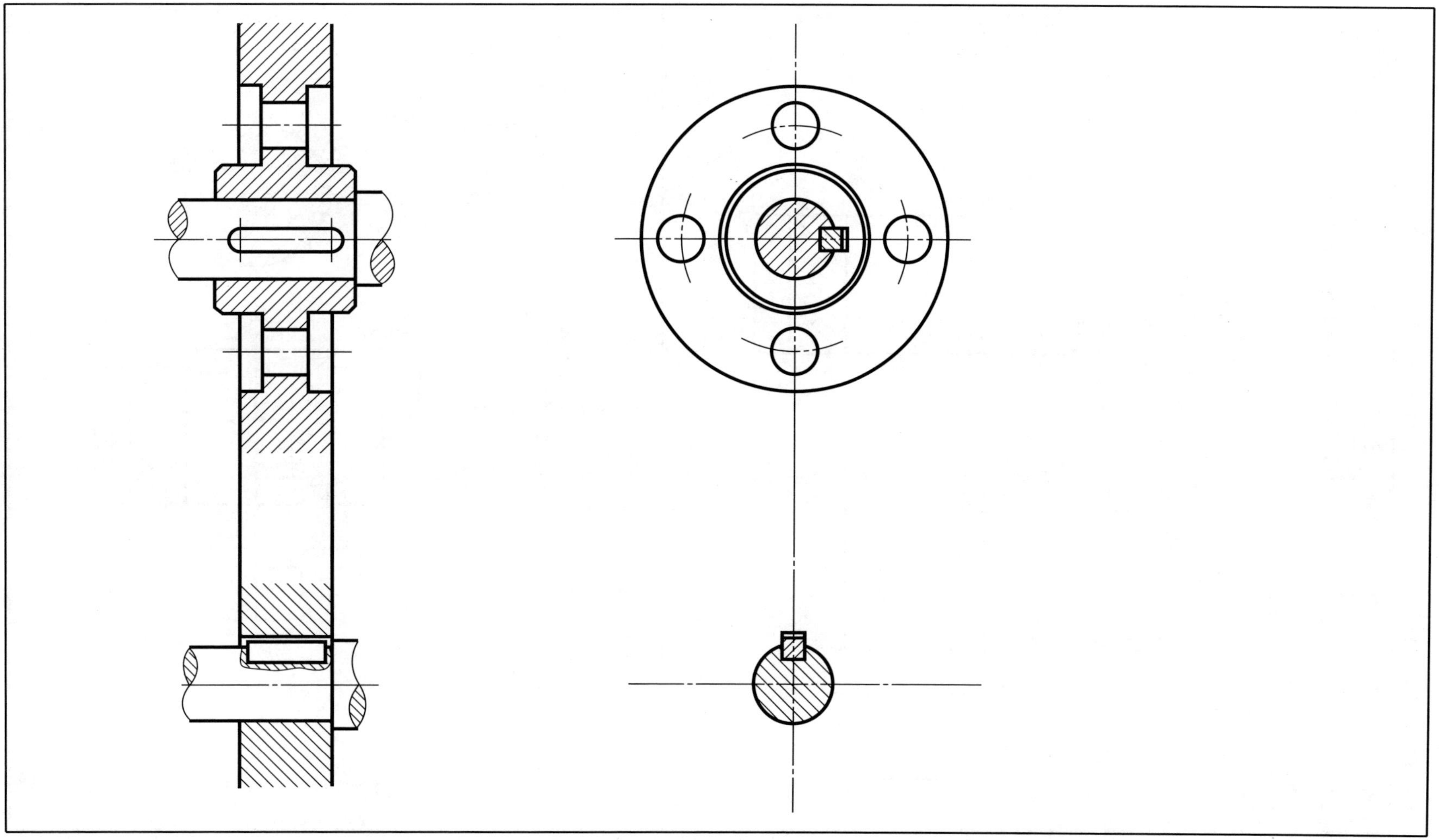

班级　　　　姓名　　　　学号

7-8 键及键的连接

一直轴和齿轮，用 A 型普通平键连接。轴、孔直径为 23mm，键长为 16mm。

1. 查表确定键和键槽的尺寸，按 1：1 的比例完成轴和齿轮的图形，并标注轴、孔及键槽尺寸。

(1) 轴

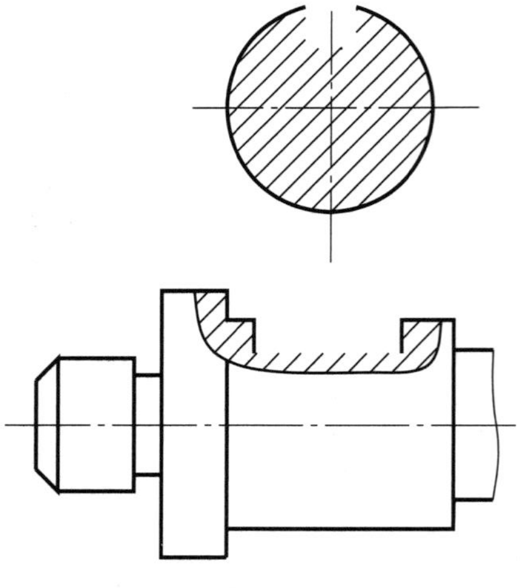

(2) 齿轮

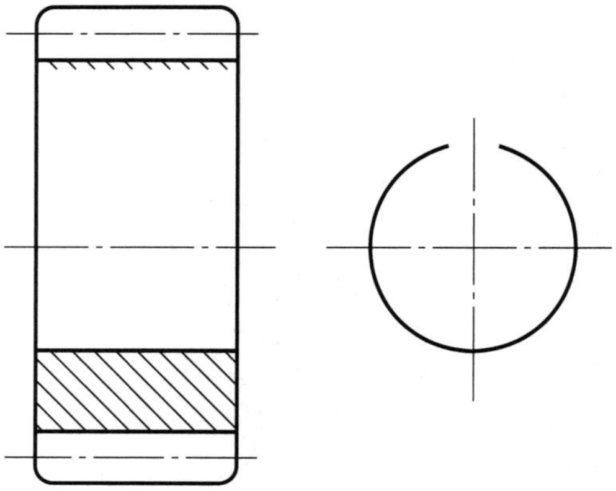

2. 写出键的规定标记。

规定标记________________

3. 用键将轴和齿轮连接起来，完成其连接图。

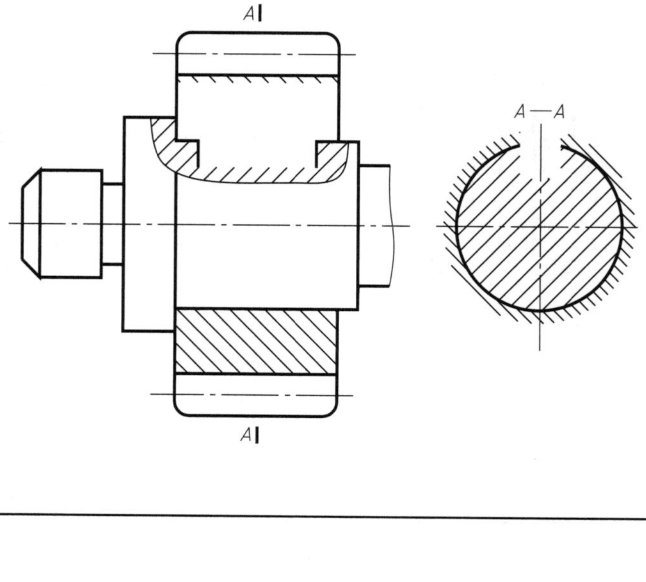

班级 姓名 学号

7-9　销连接

1. 齿轮与轴用直径为 10mm 的圆柱销连接，画全销连接的剖视图，比例 1∶1，并写出圆柱销的规定标记。

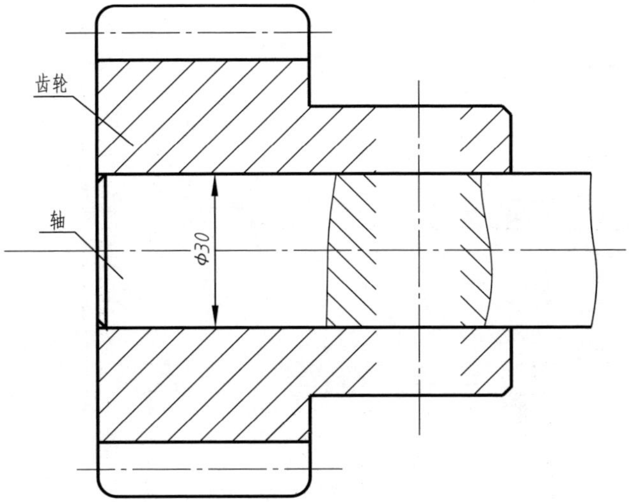

销的规定标记＿＿＿＿＿＿＿＿＿＿

2. 用 1∶1 的比例，画全 d＝6mm、A 型圆锥销连接图，并写出销的标记。

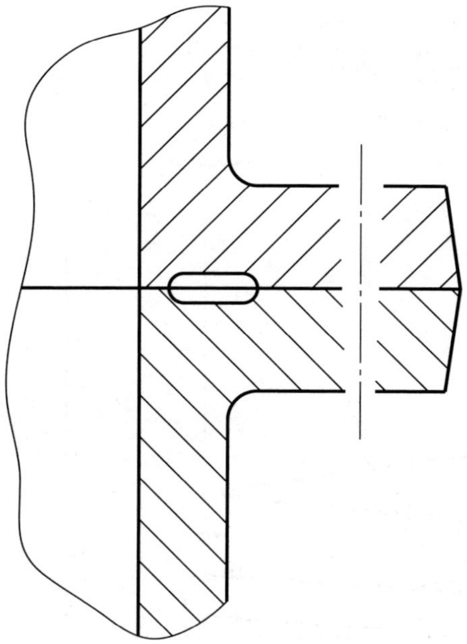

销的规定标记＿＿＿＿＿＿＿＿＿＿

班级　　　　　姓名　　　　　学号

7-10 弹簧

已知弹簧的支撑圈数为 2.5，右旋，其余尺寸如图所示，用比例 1：1 在右空白处画出弹簧的全剖视图。

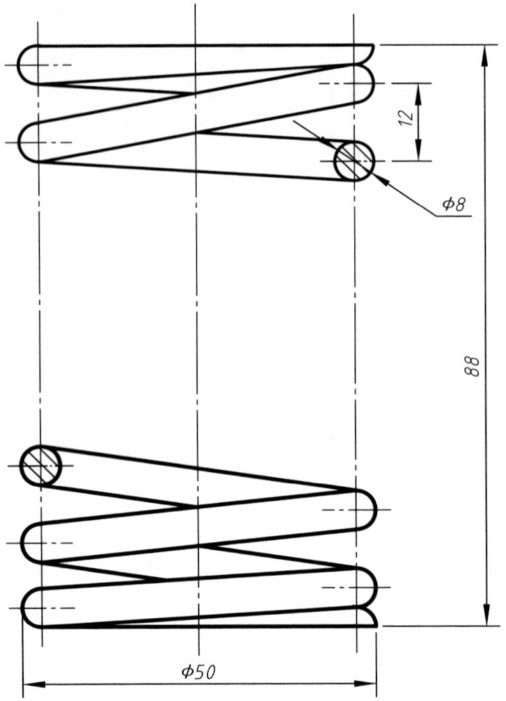

班级　　　　姓名　　　　学号

模块八　零　件　图

8-1　**视图 AutoCAD 练习**（打开 8-1. dwg，根据三维模型，采用平面摄影命令选择适当的视图表达机件）

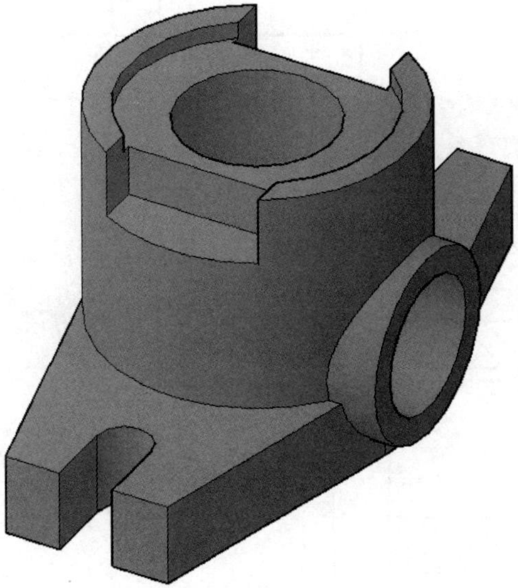

班级　　　　　　　　姓名　　　　　　　　学号

8-2 表面结构

1．分析图中表面结构要求注法上的错误，将正确的注法注在右图中。

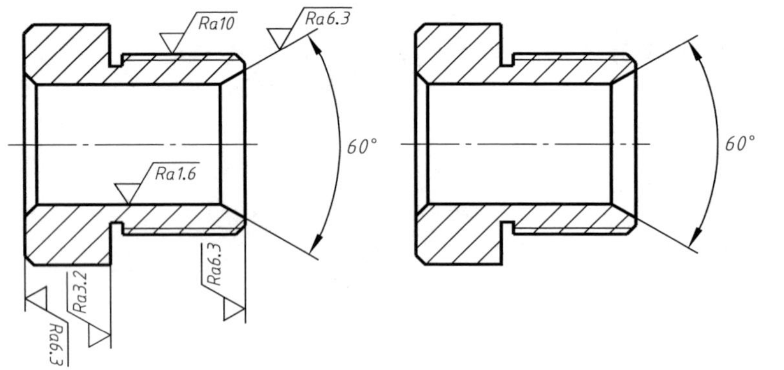

2．按给定要求标注零件的表面结构要求。

孔φ12：√Ra3.2

底面：√Ra6.3

锪平面：√Ra12.5

其余表面均为铸造毛坯面：◯√

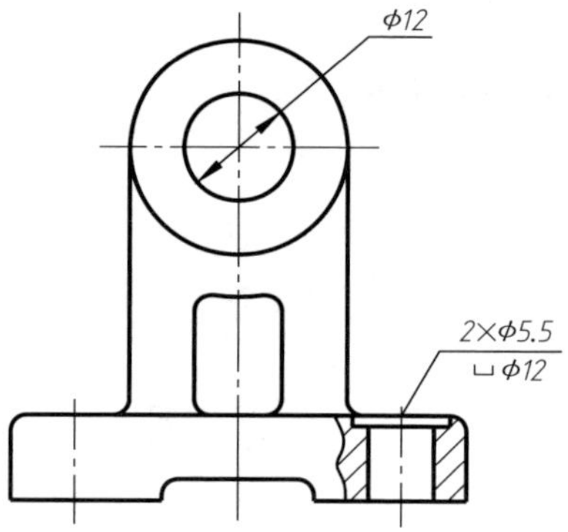

3．将给定的表面结构要求的值，用代号标注在图形上。

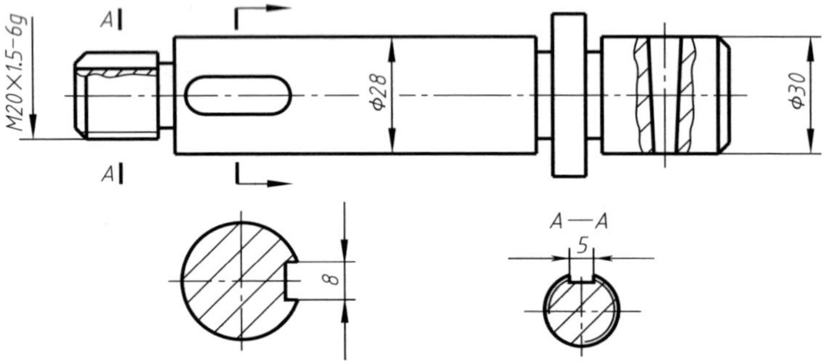

（1）φ30、φ28 外圆柱面的 *Ra* 值为 1.6；

（2）M20×1.5 螺纹工作表面的 *Ra* 值为 3.2；

（3）键槽工作表面的 *Ra* 值为 3.2，底面的值为 6.3；

（4）锥销孔表面的 *Ra* 值为 3.2。

（5）其余表面的 *Ra* 值为 12.5。

4．标注齿轮的表面结构要求。

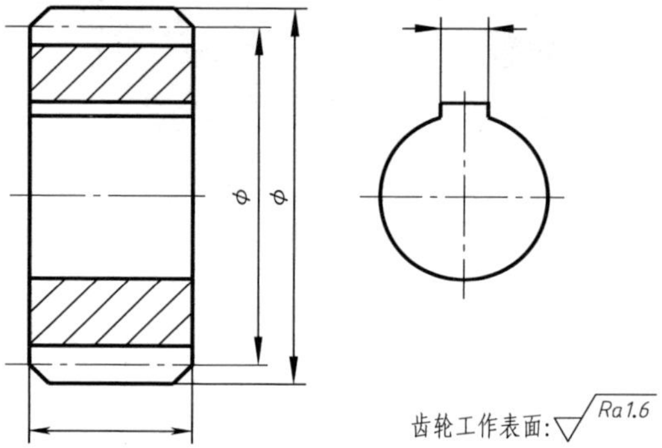

齿轮工作表面：√Ra1.6

键槽两侧面：√Ra3.2　轴孔及两端面：√Ra3.2　其他表面：√Ra12.5

班级　　　　姓名　　　　学号

8-3 极限与配合

1. 根据配合代号查表，在给定的图上作相应的标注（轴 φ15f7；套 φ15H8、φ30n6；孔 φ30H7），并说明配合种类。

φ15H8/f7__________ φ30H7/n6__________

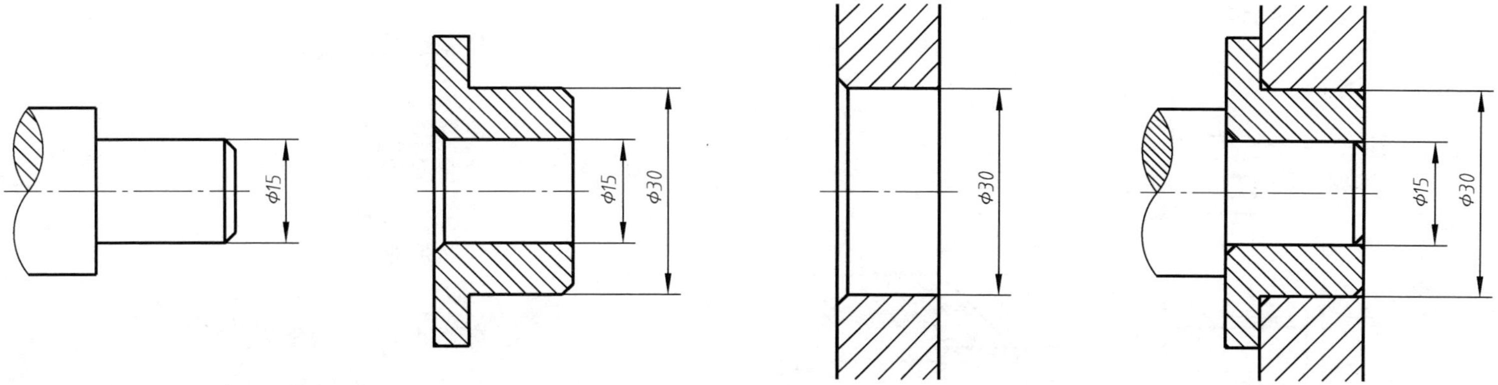

2. 根据图中的标注，将有关数值填入表中。

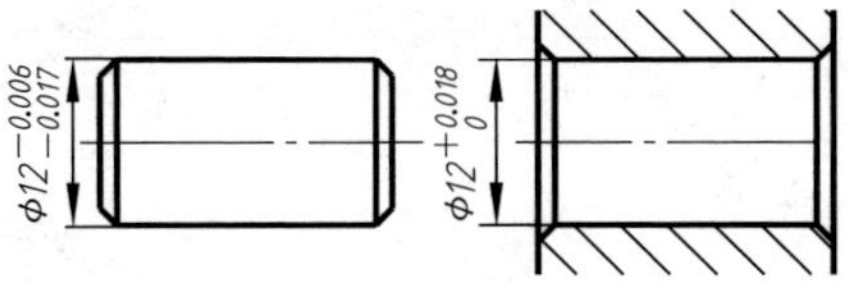

尺寸名称	孔/mm	轴/mm
基本尺寸		
最大极限尺寸		
最小极限尺寸		
上偏差		
下偏差		
公差		
基准制、配合种类		

3. 查表，将偏差数值或公差带代号填入括号内，把能配合的尺寸在右边成对列出。

φ30h7（　　　　）

φ30js6（　　　　）

φ30P7（　　　　）

φ30d9（　　　　）

φ30N7（　　　　）

φ30H7（　　　　）

孔
- φ30±0.010（　　　　）
- $\phi55^{+0.030}_{0}$（　　　　）
- $\phi20^{+0.006}_{-0.015}$（　　　　）

轴
- $\phi40^{0}_{-0.016}$（　　　　）
- $\phi30^{+0.015}_{+0.002}$（　　　　）
- $\phi20^{-0.020}_{-0.041}$（　　　　）

班级　　　　　　姓名　　　　　　学号

解释图中形位公差框格中代号的含义。

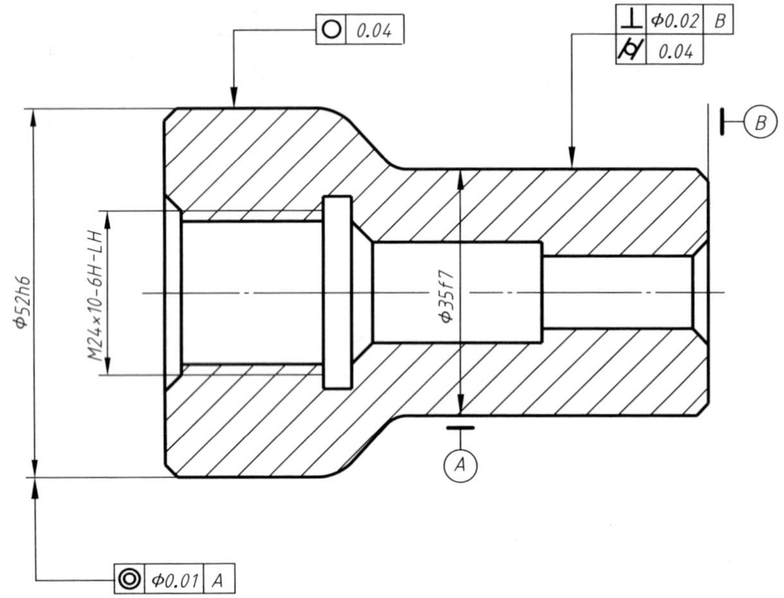

1. 解释 | ○ | 0.04 | 含义：

被测要素是＿＿＿＿＿＿＿＿＿＿＿＿＿＿；

公差项目是＿＿＿＿＿＿＿＿＿＿＿＿＿＿；

公差值是＿＿＿＿＿＿＿＿＿＿＿＿＿＿＿。

2. 解释 | ⌭ | 0.04 | 含义：

被测要素是＿＿＿＿＿＿＿＿＿＿＿＿＿＿；

公差项目是＿＿＿＿＿＿＿＿＿＿＿＿＿＿；

公差值是＿＿＿＿＿＿＿＿＿＿＿＿＿＿＿。

3. 解释 | ⊥ | Φ0.02 | B | 含义：

被测要素是＿＿＿＿＿＿＿＿＿＿＿＿＿＿；

基准要素是＿＿＿＿＿＿＿＿＿＿＿＿＿＿；

公差项目是＿＿＿＿＿＿＿＿＿＿＿＿＿＿；

公差值是＿＿＿＿＿＿＿＿＿＿＿＿＿＿＿。

4. 解释 | ◎ | Φ0.01 | A | 含义：

被测要素是＿＿＿＿＿＿＿＿＿＿＿＿＿＿；

基准要素是＿＿＿＿＿＿＿＿＿＿＿＿＿＿；

公差项目是＿＿＿＿＿＿＿＿＿＿＿＿＿＿；

公差值是＿＿＿＿＿＿＿＿＿＿＿＿＿＿＿。

班级　　　　　　姓名　　　　　　学号

8-5　读轴套零件图，并回答问题

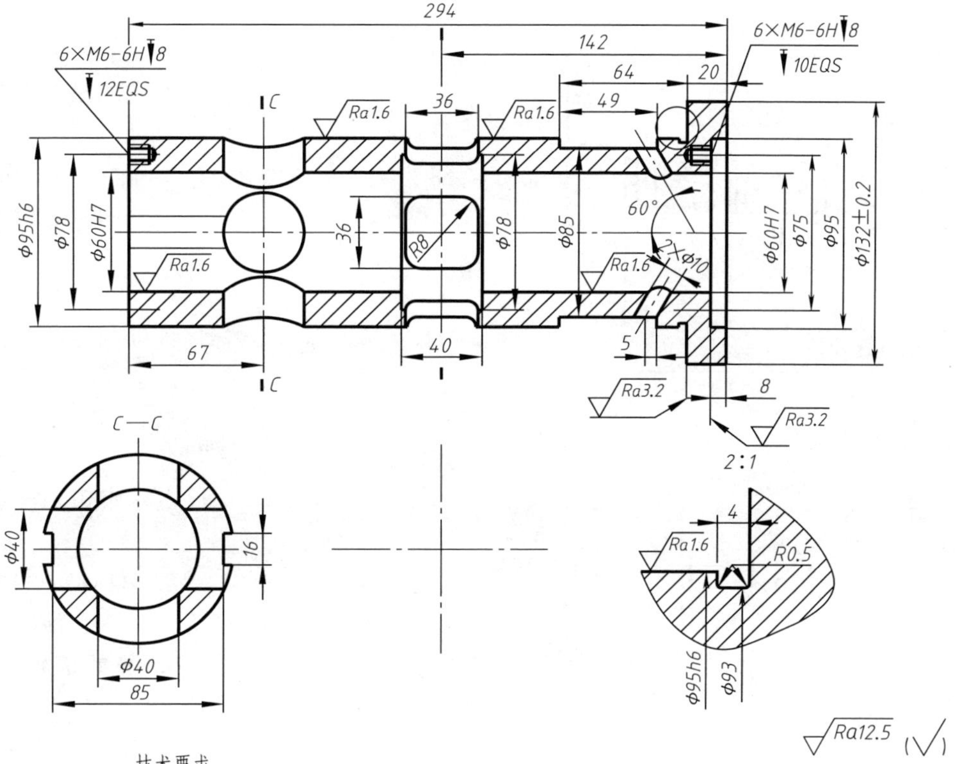

技术要求

1. 锐边倒钝，未注倒角C2；
2. 全部螺孔均有倒角C1。

轴　套	比例	材料	数量	
	1:4	45		
制图				
审核				

1. 该零件为____类零件，主视图符合零件________的位置原则。

2. 除主视图外，采用____图表达______；采用____图表达__________。

3. 该件左端面有__个__孔，____深为 8，孔深________。

4. ϕ95h6 圆柱面的表面结构要求用______材料的方法获得，Ra 的上限值为____。

5. 查表确定极限偏差：

ϕ95h6（　　　　　　　），

ϕ60H7（　　　　　　）。

6. 用彩色笔画出径向和轴向尺寸的主要基准。

7. 在指定位置画出移出断面图。

班级　　　　　姓名　　　　　学号

8-6 读输出轴零件图，并回答问题

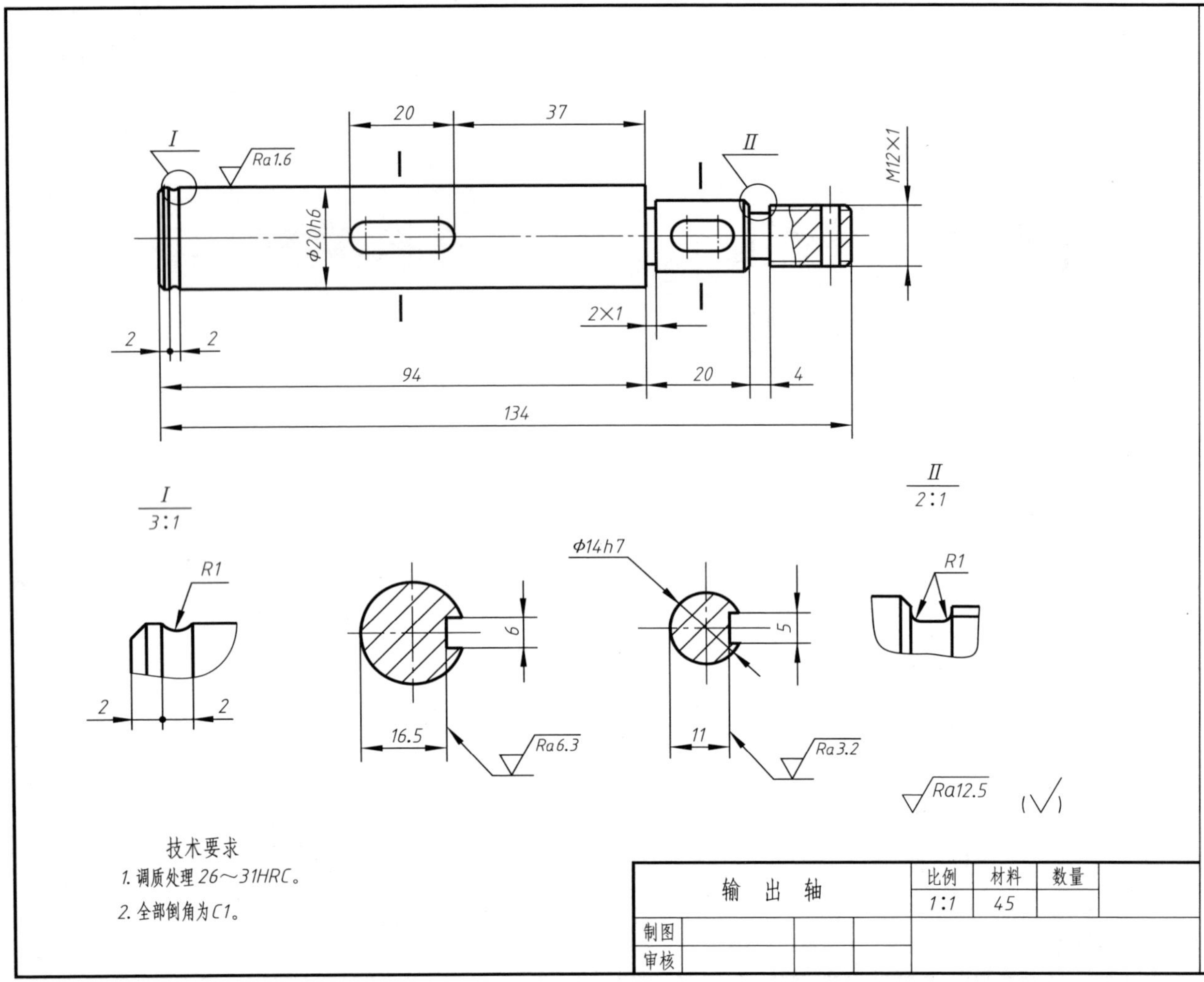

1. 该零件名称为________，材料为______。

2. 主视图轴线水平放置，主要考虑的是符合零件的______位置原则。

3. 除主视图外，采用了两个______图表达两个键槽的断面形状。

4. 分析尺寸基准，在图中标出该轴的径向基准和轴向主要基准。

5. ϕ14h7 表示该轴段的基本尺寸为____，最大极限尺寸为____最小极限尺寸为____，公差为____。

6. ϕ14h7 轴段上键槽的宽度为______，深度为______。

7. 解释该轴右端螺纹的标注代号。

8. 分析轴上各面的表面结构要求，最光面的 *Ra* 值为____最粗糙面的 *Ra* 值为______。

班级　　　　　　　　姓名　　　　　　　　学号

8-7 读托架零件图，并回答问题

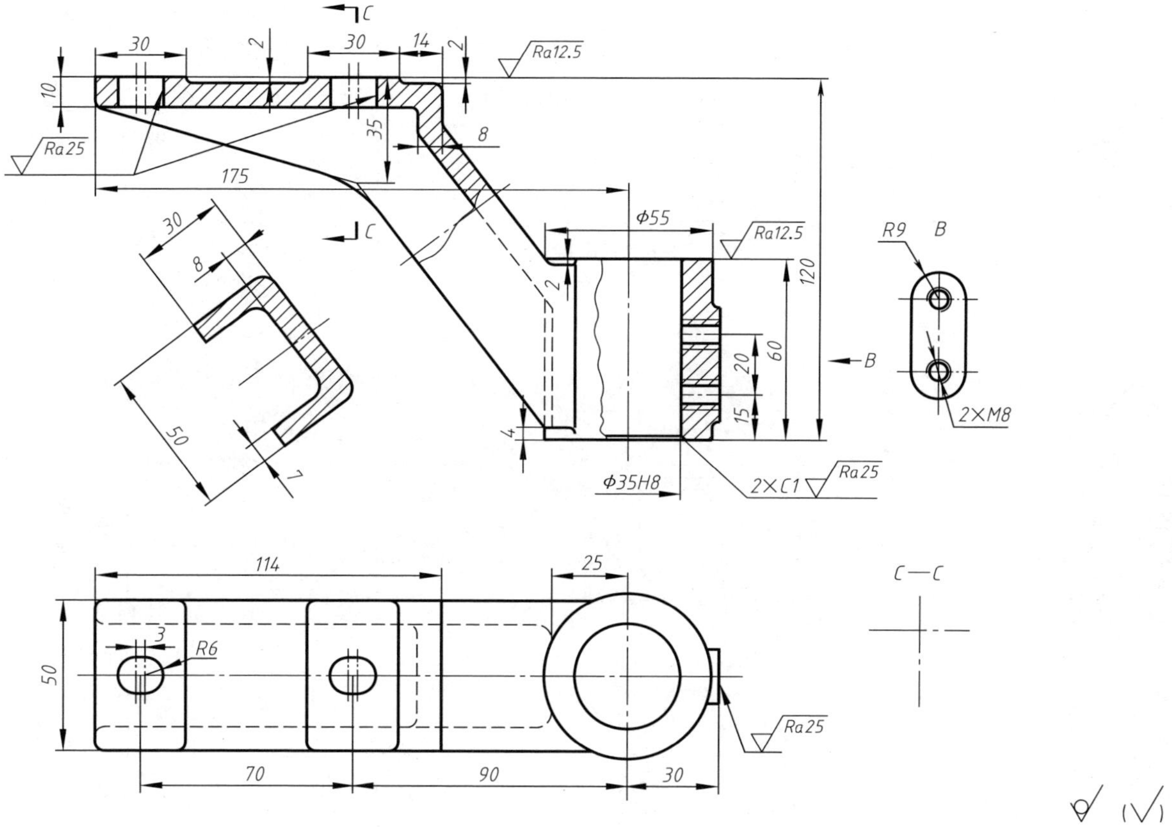

技术要求

1. 未注圆角R3～R5；

2. 铸件不得有沙眼，裂纹。

托　架	比例	材料	数量
	1:2	HT150	
制图			
审核			

1. 此零件名称是____，主视图符合________位置原则。

2. 主视图采取______剖视，有________处。

3. 哪个表面的表面结构要求最高，用彩色笔画出。

4. 用彩色笔标出此零件的尺寸基准，并指明是哪个方向的基准。

5. ϕ35H8 表示______。

6. 在指定的位置画 C—C，并注意与其他视图之间的关系。

班级　　　　姓名　　　　学号

8-8 读管板零件图，并回答问题

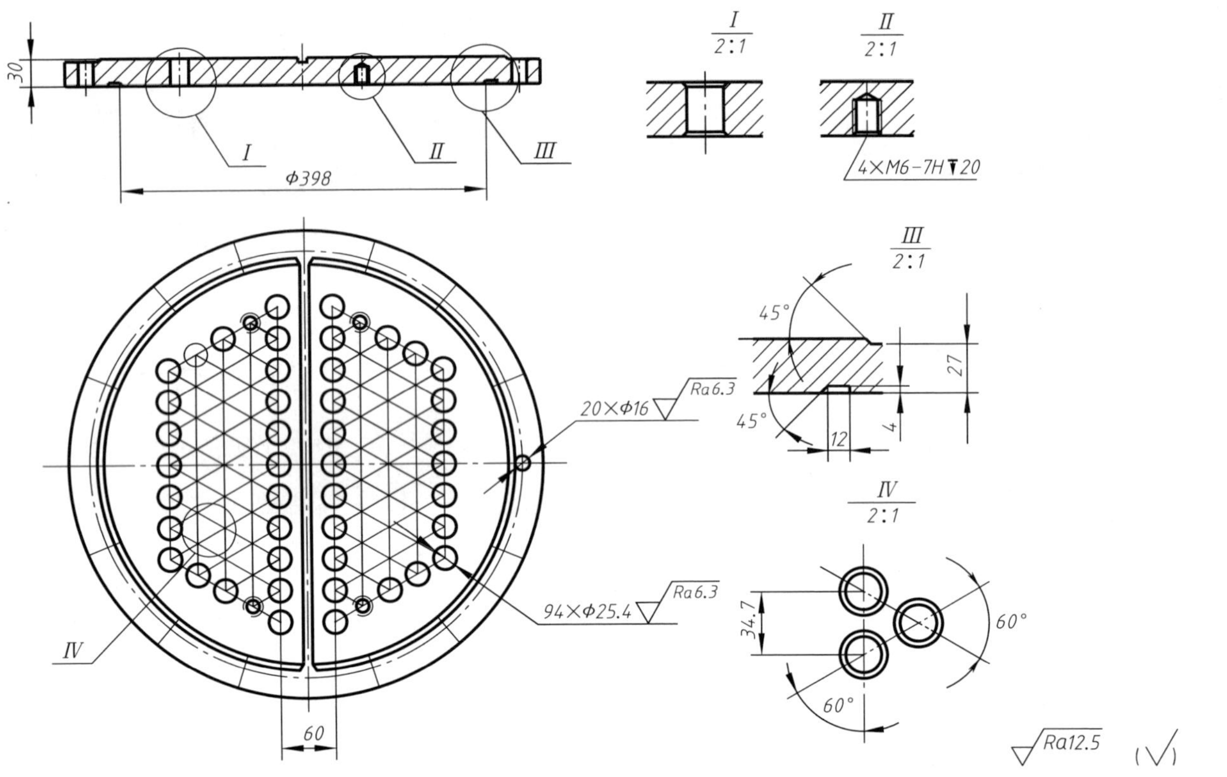

技术要求
全部倒角为C2。

管　板	比例	材料	数量
	1:1	20	
制图			
审核			

1. 该零件图包括____个基本视图；另外四个图形均是比例为____的________图。

2. 主视图符合零件的____位置原则，它采用了________________剖视。

3. 俯视图采用了________画法来表示直径相同且成规律的分布的孔；其直径为____的管孔有__________个 。

4. 零件上有________个螺纹孔，它们的螺纹代号为____________。

5. 管板的材料为______________，多数表面的表面结构要求为______________。

6. 看懂四个局部放大图所表达的部位并分析结构形状，说明放大内容：

Ⅰ________ Ⅱ________

Ⅲ________ Ⅳ________

班级　　　　姓名　　　　学号

8-9 读泵体零件图，并回答问题

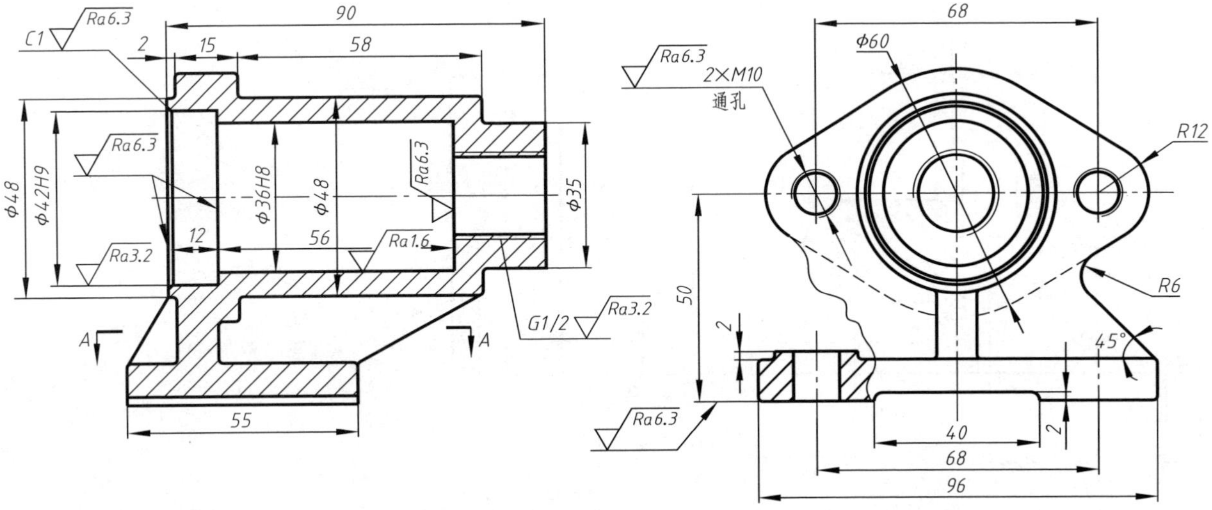

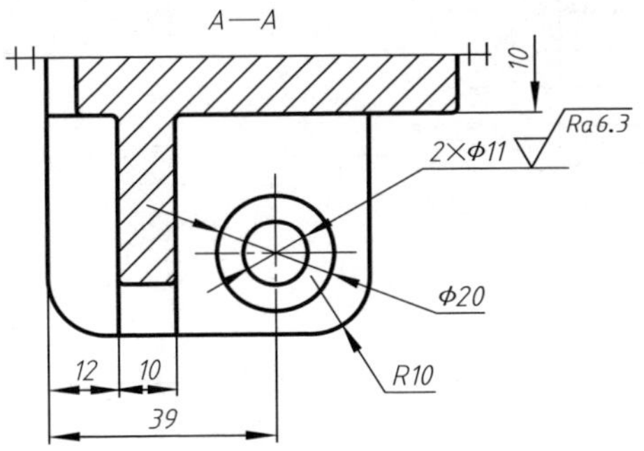

技术要求

1. 铸造圆角R2～R4。

2. 铸件不得有砂眼及缩孔。

泵　体			比例	材料	数量
			1∶1	HT150	
制图					
审核					

1. 该零件的名称为__________。

2. 表达此零件共用_____个视图，主视图用_____剖视图，符合_____位置原则，左视图用_____剖视图，表示_____结构。

3. 在图中指出此零件长、宽、高三个方向的尺寸基准和定位尺寸。

4. G1/2 表示_____，ϕ36H8 表示________，$\sqrt{Ra1.6}$ 表示__________。

5. 画出泵体的右视图。

（1）徒手绘制、目测比例。

（2）线型分清。

（3）不可见部分用虚线表达清楚。

班级　　　　姓名　　　　学号

8-10 用 AutoCAD 绘制架体零件图

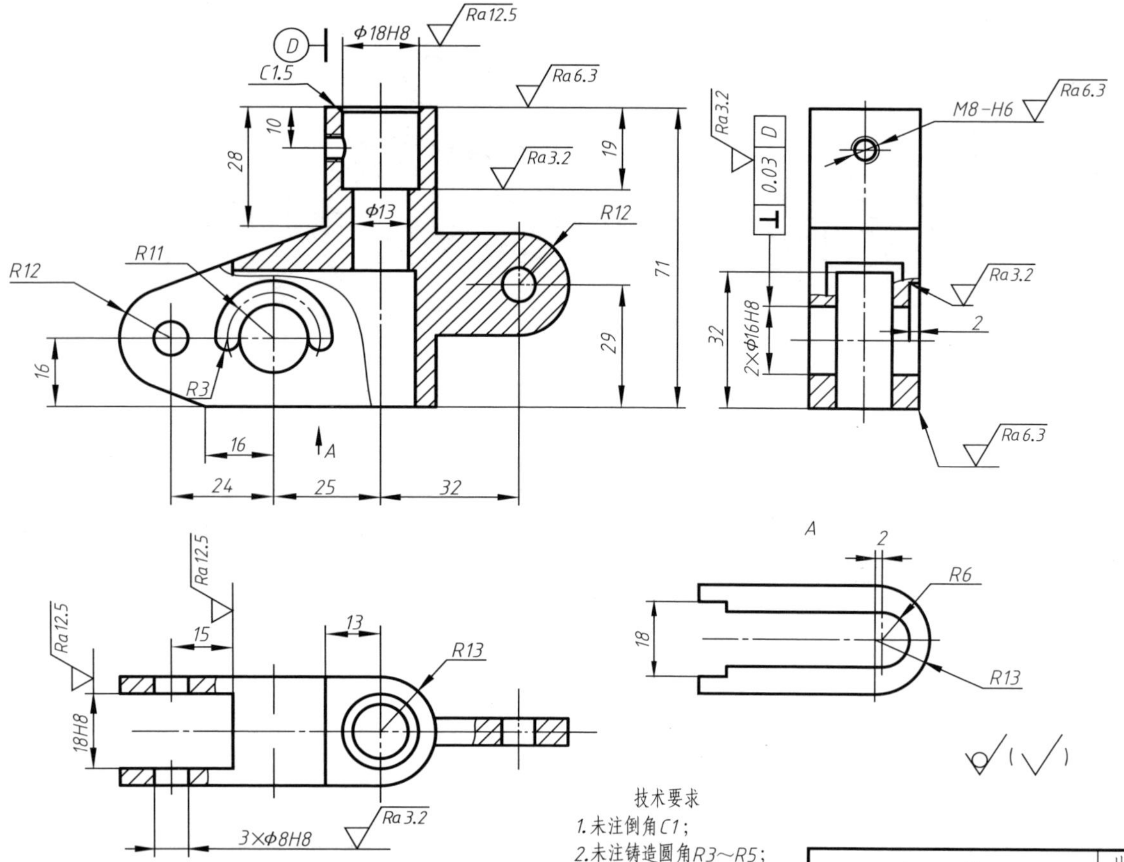

技术要求

1. 未注倒角C1；
2. 未注铸造圆角R3～R5；
3. 去尽锐边毛刺。

架　体			比例	材料	数量
			1∶1	45	
制图					
审核					

班级　　　　姓名　　　　学号

8-11 用 AutoCAD 绘制旋塞盖零件图

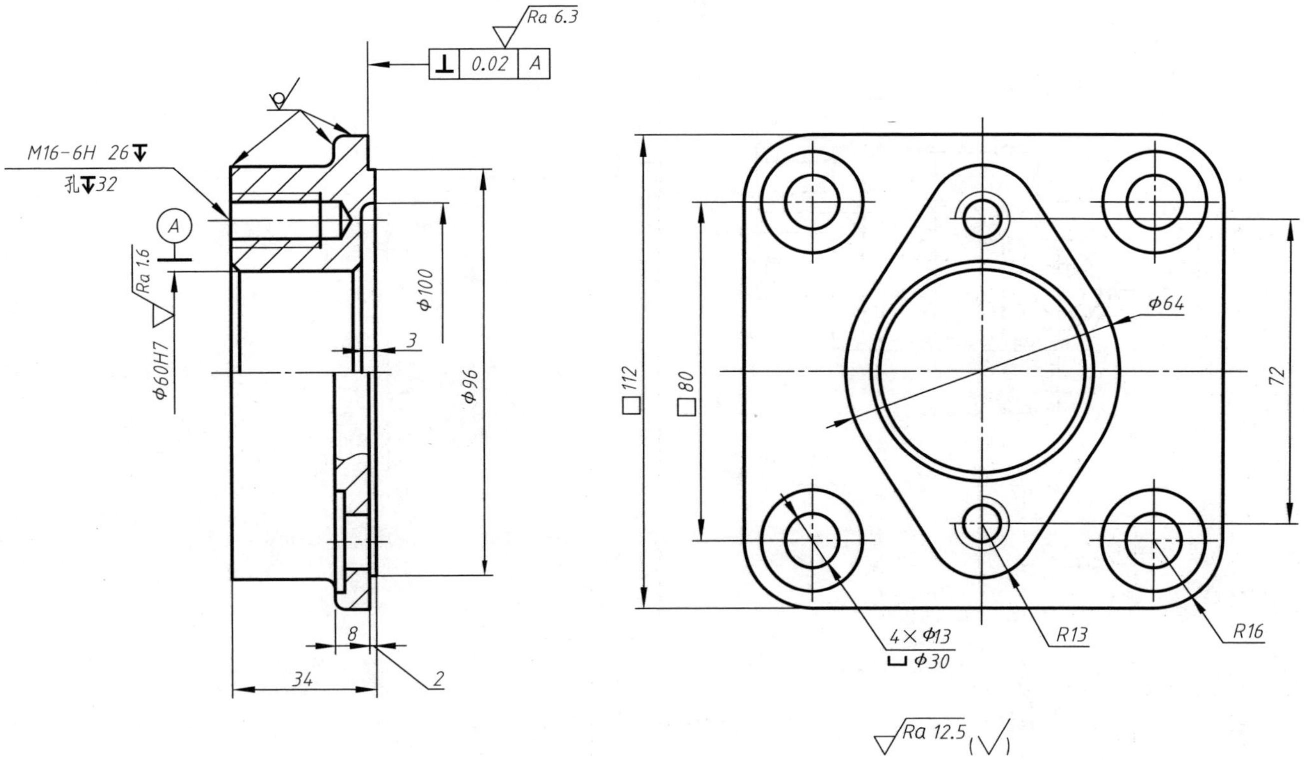

技术要求

1. 未注倒角C1；
2. 未注铸造圆角R2～R3；
3. 去尽锐边毛刺。

旋塞盖	比例	材料	数量
	1:1	HT150	
制图			
审核			

班级　　　　姓名　　　　学号

8-12 用 AutoCAD 绘制支架零件图

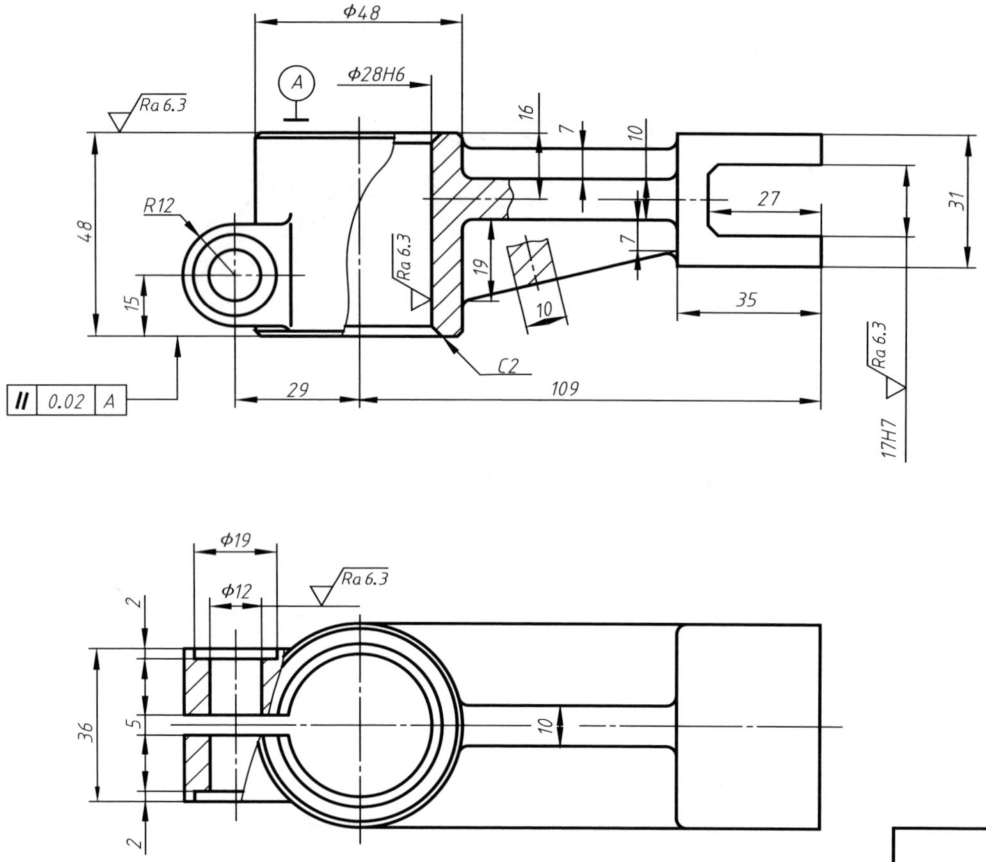

技术要求

1.未注圆角R1；
2.未注倒角C1；
3.铸件须经人工时效处理。

$\sqrt{Ra\ 12.5}$ ($\sqrt{}$)

支架	比例	材料	数量
	1:1	HT150	
制图			
审核			

班级　　　　姓名　　　　学号

模块九　装　配　图

9-1　拼画装配图

拼画回油阀装配图

一、作业的目的

熟悉装配体中零件的装配关系和装拆顺序，培养学生由零件图拼画装配图的能力。

二、内容与要求

1. 根据回油阀零件图上的尺寸，按 1∶1 拼画装配图。

2. 恰当地确定回油阀的表达方案，清晰地表达回油阀的工作原理、装配关系及零件的主要结构形状。

3. 正确地标注装配图上的尺寸和技术要求。

4. 先画装配草图，然后再画装配图。

三、注意事项

1. 仔细阅读每张零件图，想出零件的结构形状。参阅回油阀装配示意图，弄清楚回油阀的工作原理、各零件的装配关系和零件的作用。

2. 选定回油阀的表达方案后，要先画主体零件，然后按一定顺序拼画装配图。注意正确运用装配图的规定画法、特殊表达方法和简化画法。

3. 注意装配结构的合理性以及相关零件间尺寸的协调关系。

4. 标注必要的尺寸，编写零件序号、填写明细栏、标题栏和技术要求。

5. 明细栏衔接在标题栏上方。明细栏中的序号应按自下而上顺序排列，并与图上的序号一致。

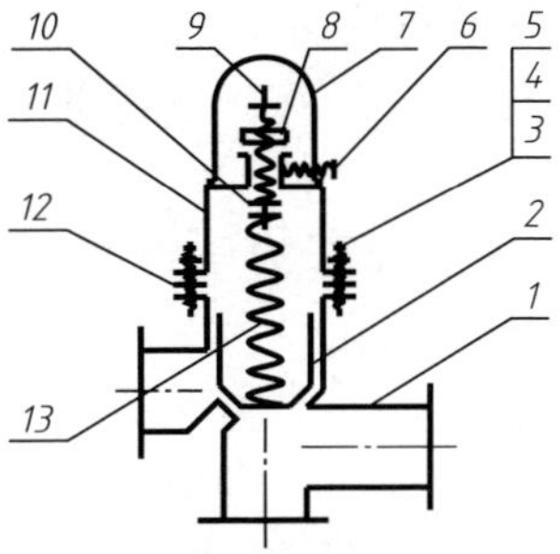

回油阀装配示意图

序号	代号	名称	数量	材料	备注
13		弹簧	1	65Mn	
12		垫片	1	纸板	
11		阀盖	1	ZL102	
10		弹簧垫	1	H62	
9		螺杆	1	35	
8	GB/T6170	螺母M16	1		
7		罩子	1	ZL102	
6	GB/T 75	螺钉M6×16	1		
5	GB/T 97.1	垫圈12	4		
4	GB/T6170	螺母M12	4		
3	GB/T 899	螺柱 M12×35	4		
2		阀芯	1	H62	
1		阀体	1	ZL102	

回油阀			比例	材料	数量
			1∶1		
制图					
审核					

班级　　　　姓名　　　　学号

回油阀的工作原理

回油阀是供油管路上的装置。在正常工作时，阀芯 2 靠弹簧 13 的压力处在关闭位置，此时油从阀体右孔流入，经阀体下部的孔进入导管。

当导管中油压增高超过弹簧的压力时，阀芯被顶开，油就顺阀体左端孔经另一导管流回油箱，以保证管路的安全。

弹簧的压力的大小靠螺杆 9 来调节。为防止螺杆的松动，在螺杆上部用螺母 8 拧紧。罩子 7 用来保护螺杆。阀芯两侧有小圆孔，其作用是使进入阀芯内腔的油流出来。阀芯的内腔底部有螺孔，是供拆卸时用的。阀体 1 与阀盖 11 是用四个螺柱连接，中间有垫片 12 以防漏油。

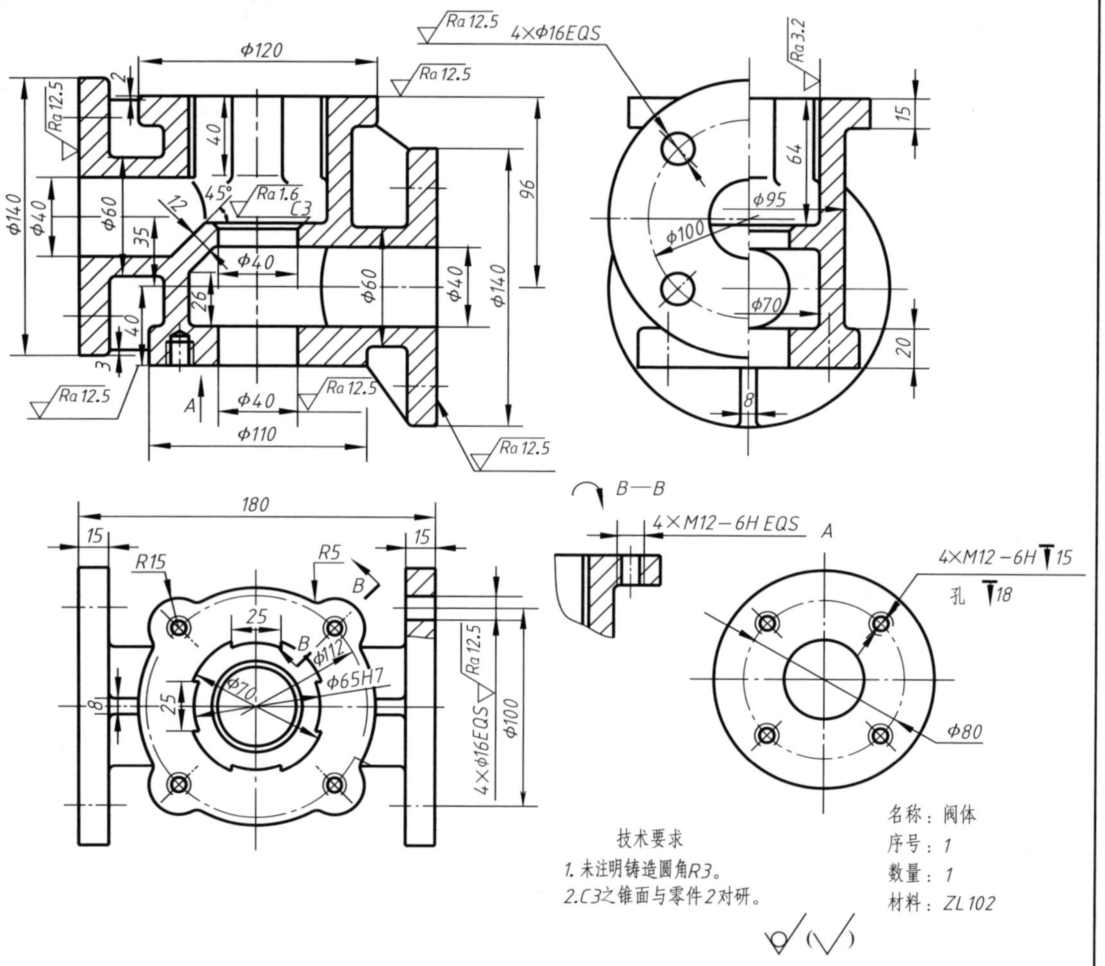

班级 姓名 学号

9-3 回油阀零件图

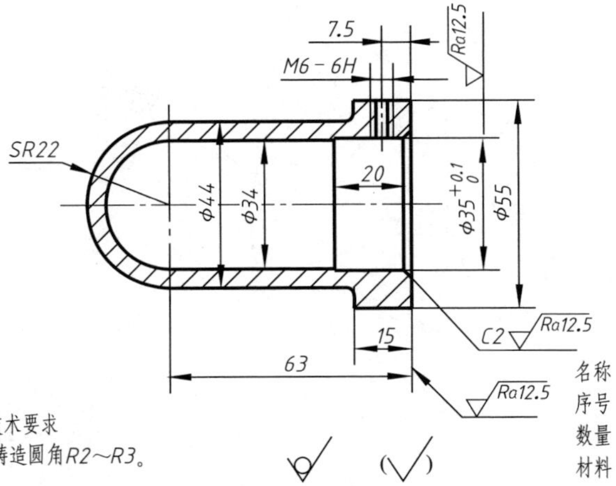

技术要求
未注明铸造圆角R2～R3。

名称：罩子
序号：7
数量：1
材料：ZL102

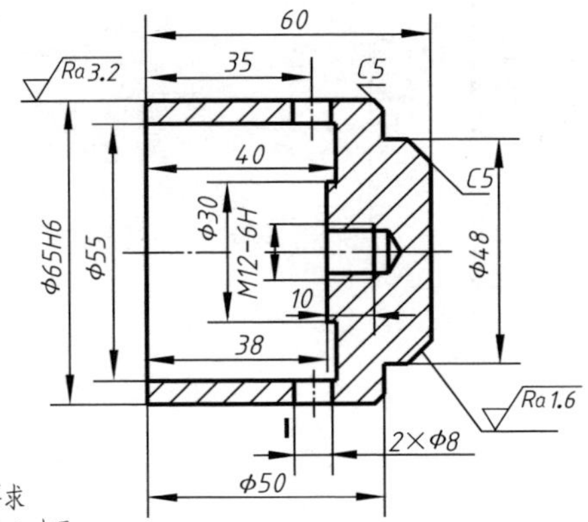

技术要求
C5锥面与件1对研。

Ra12.5 (√)

名称：阀芯
序号：2
数量：1
材料：H62

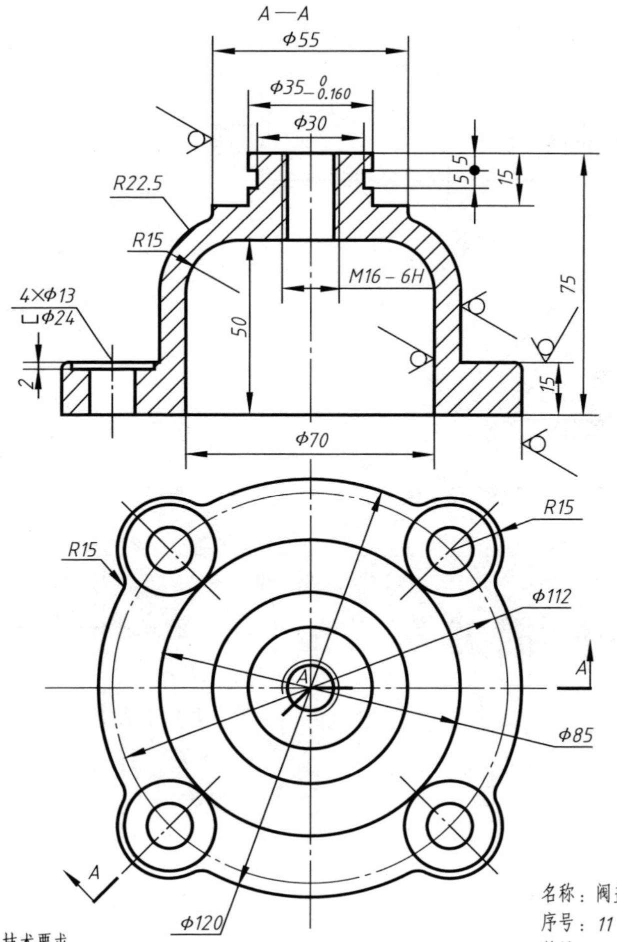

技术要求
未注明铸造圆角R2～R3。

Ra12.5 (√)

名称：阀盖
序号：11
数量：1
材料：ZL102

班级　　　　姓名　　　　学号

9-3　回油阀零件图（续）

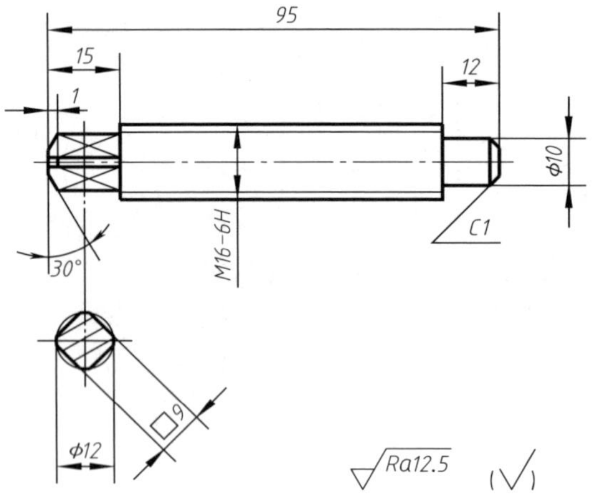

名称：螺杆
序号：9
数量：1
材料：35

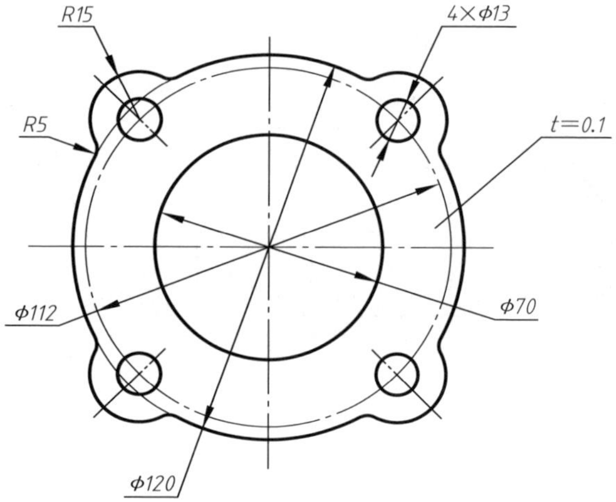

名称：垫片
序号：12
数量：1
材料：纸板

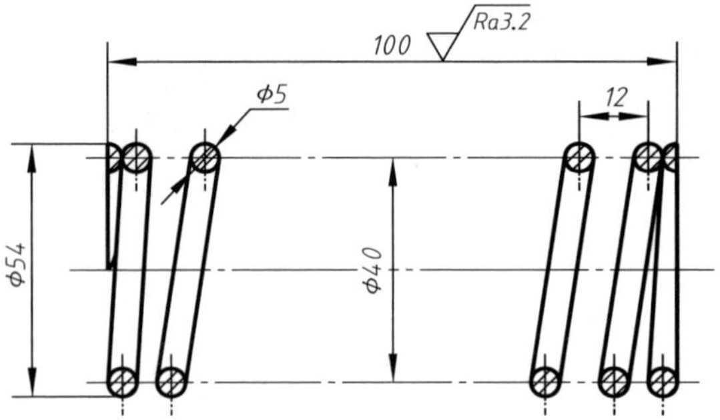

技术要求
1. 有效圈数 $n=7.5$；
2. 总圈数 $n1=10$；
3. 旋向：右；
4. 展开长度：$L=12.56$。

(√)

名称：弹簧
序号：13
数量：1
材料：65Mn

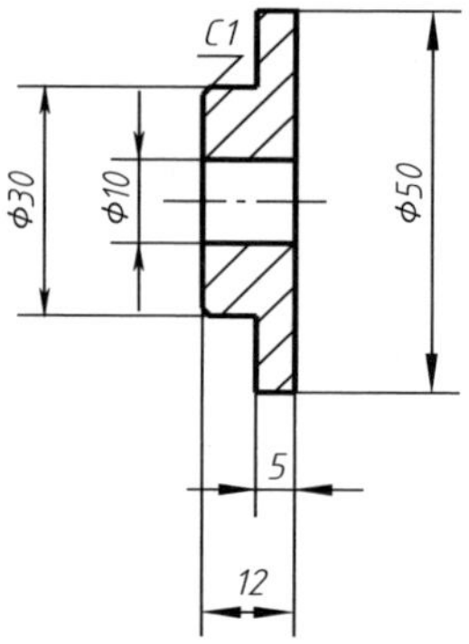

Ra12.5　(√)

名称：弹簧垫
序号：10
数量：1
材料：H62

班级　　姓名　　学号

9-4 读齿轮油泵装配图，回答问题

1. 齿轮油泵由______个零件组成，其中标准件有____个。

2. 本装配图由____个图形表达。主视图是采用____剖切面剖切的____剖视图，图的右侧采用了____画法，用于表达不属于油泵的____与油泵的装配关系；左视图采用____画法，并有____处____剖视；主视图下方的____画法，是为了表达螺母______的形状。

3. 齿轮油泵的规格尺寸是______，安装尺寸是____，外形尺寸是____、____；ϕ16H7/h6 表示件____和件____之间是____制配合；G3/8 表示____螺纹，尺寸代号是____。

4. 泵盖 3、泵座 9 与泵体 1 通过____定位、____联结；螺母 11 与泵座 9 通过____联结，螺母压紧填料是为了____。

5. 试述齿轮油泵的拆卸顺序。

6. 拆画泵体 1、主动齿轮轴 6 的零件图。

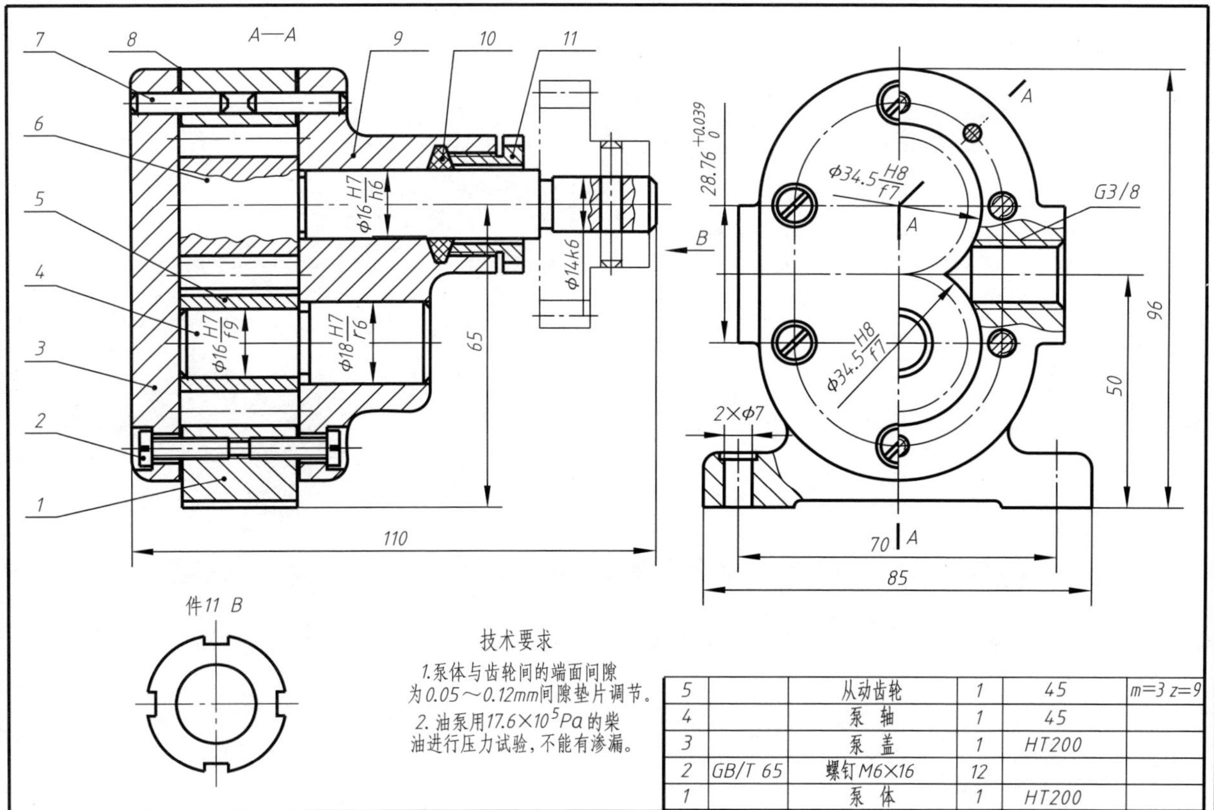

技术要求

1. 泵体与齿轮间的端面间隙为0.05～0.12mm间隙垫片调节。

2. 油泵用17.6×10^5Pa 的柴油进行压力试验，不能有渗漏。

序号	代号	名称	数量	材料	备注
11		螺母	1	Q235-A	
10		填料	1	毛毡	
9		泵座	1	HT200	
8		垫片		工业用纸	
7	GB/T 119	圆柱销5×20	4		
6		主动齿轮轴	1	45	m=3 z=9
5		从动齿轮	1	45	m=3 z=9
4		泵轴	1	45	
3		泵盖	1	HT200	
2	GB/T 65	螺钉M6×16	12		
1		泵体	1	HT200	

齿轮油泵	比例	材料	数量
	1:2		
制图			
审核			（生产厂家）

班级　　　　姓名　　　　学号

9-5 **读齿轮装配图，拆画泵体 1 零件图**（比例自定）

班级　　　　　　姓名　　　　　　学号

9-6 **读齿轮装配图，拆画主动齿轮轴 6 的零件图**（比例自定）

班级　　　　姓名　　　　学号

拼画钻夹具装配图

一、作业的目的

熟悉装配体中零件的装配关系和装拆顺序，培养由零件图画装配图的能力。

二、内容与要求

1. 根据钻夹具零件图上的尺寸，按 1∶1 拼画装配图。
2. 恰当地确定钻夹具的表达方案，清晰地表达工作原理、装配关系及零件的主要结构形状。
3. 正确地标注装配图上的尺寸和技术要求。

三、注意事项

1. 仔细阅读每张零件图，想出零件的结构形状；参阅钻床夹具装配示意图，各零件的装配关系和零件的作用。
2. 选定钻夹具的表达方案后，要先画主体零件，然后按一定顺序拼画装配图。注意正确运用装配图的规定画法、特殊表达方法和简化画法。
3. 注意装配结构的合理性以及相关零件间尺寸的协调关系。
4. 注意相邻零件的剖面线方向、间隔，以及接触面和非接触面的画法。
5. 标注必要的尺寸，编写零件序号、填写明细栏、标题栏和技术要求。

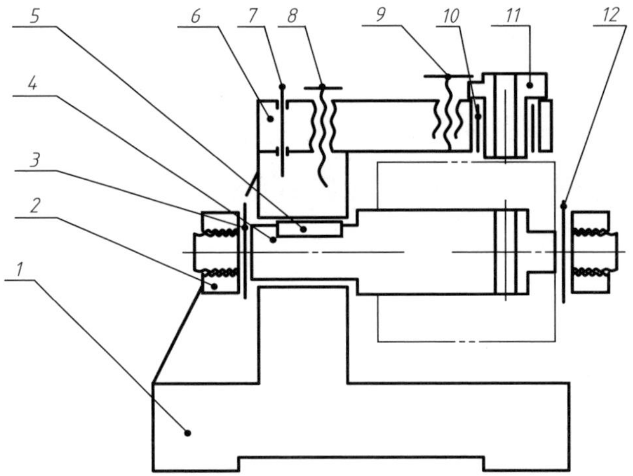

技术要求

1. 衬套10孔的轴线对夹具体1底面B的垂直度公差不得大于0.01。
2. 定位销4的轴线相对于夹具体1底面B的平行度公差不得大于0.01。

序号	名称	数量	材料	备注
12	开口垫圈12	1	45	GB/T 851
11	快换钻套	1	45	
10	衬套	1	45	
9	螺钉M6×14	1	45	GB/T 65
8	内六角螺钉M6×18	2		GB/T 70.1
7	销3m6×24	2		GB/T 119.1
6	钻模版	1	Q235A	
5	键5×12	1		GB/T 1096
4	定位销	1	45	
3	垫圈12	1		GB/T 97.1
2	螺母M12	2		GB/T 6170
1	夹具体	1	HT150	

钻夹具		数量	材料	比例
制图				
审核				

班级　　　　姓名　　　　学号

钻夹具工作原理

钻夹具是安装在钻床工作台上，用于夹持工件进行钻孔的机床夹具。

钻夹具工作时，将待加工零件套在定位销 4 上，待加工零件用左端面和内孔定位，由开口垫圈 12 和右端螺母 2 夹紧工件进行钻孔。

钻孔结束后，先松开右端螺母 2，再拆下开口垫圈 12，然后把工件拆下，再安装下一个工件。快换钻套 11 和衬套 10 起保护和引导作用。

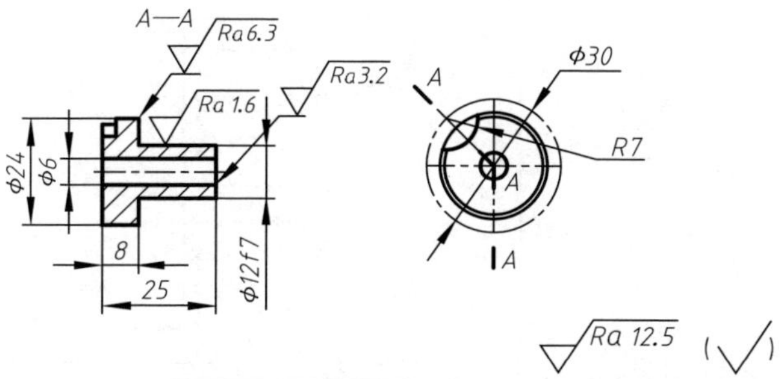

快换钻套			数量	材料	比例	11
			1	HT150	1:1	
制图						
审核						

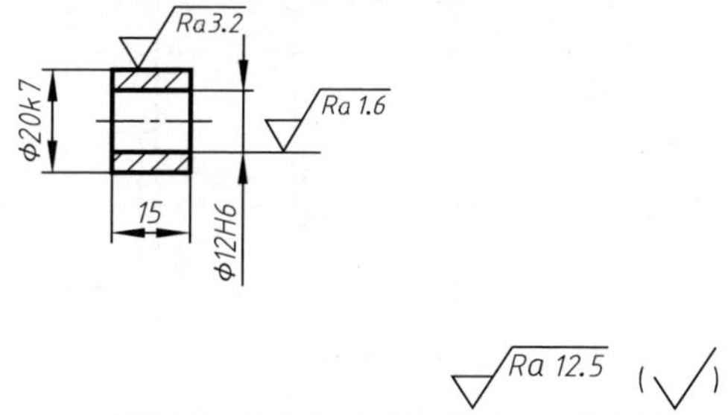

衬套			数量	材料	比例	10
			1	HT150	1:1	
制图						
审核						

班级　　姓名　　学号

9-8 钻夹具零件图（二）

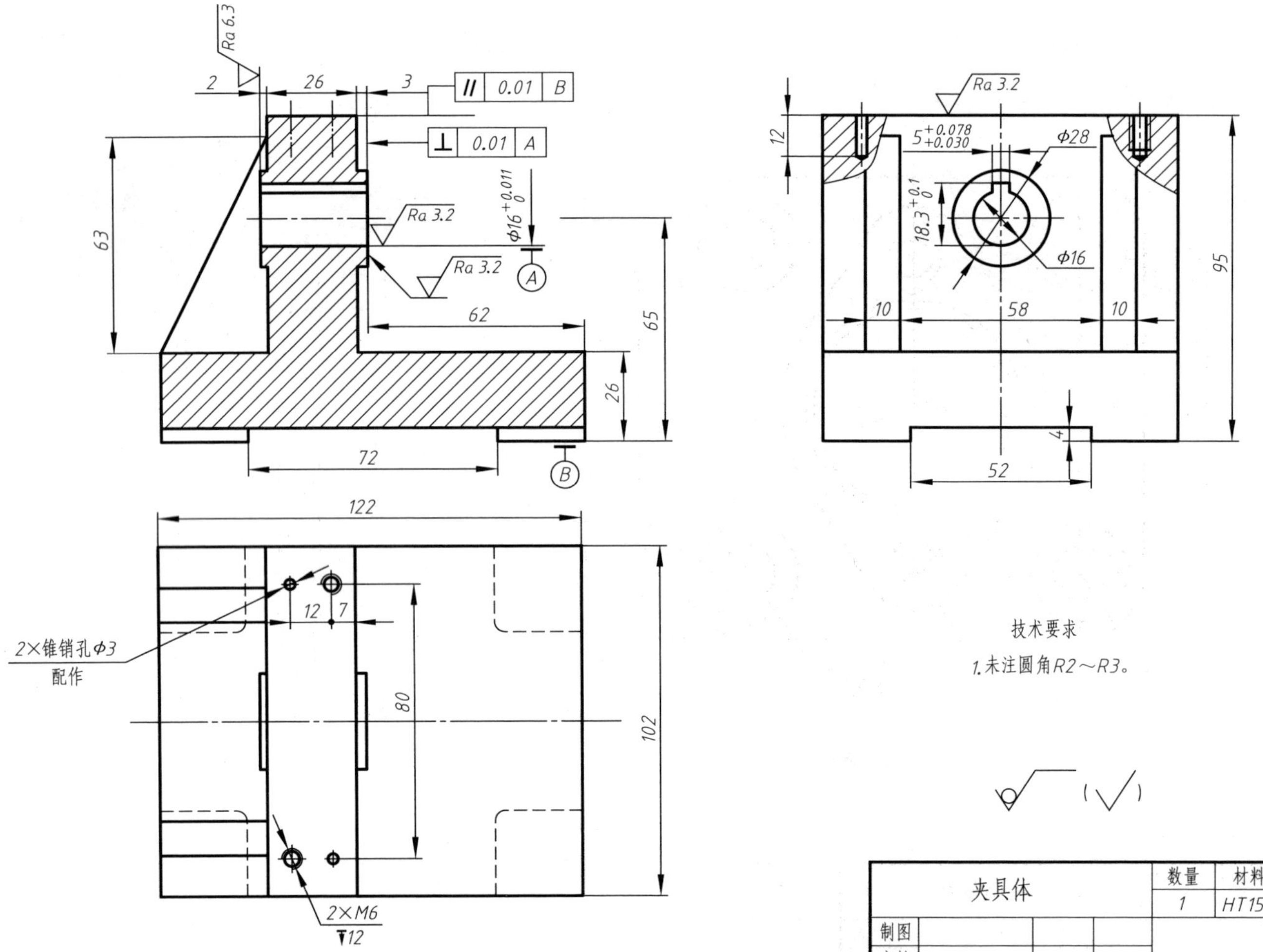

技术要求

1.未注圆角R2～R3。

$\sqrt{}$ ($\checkmark$)

夹具体	数量	材料	比例	1
	1	HT150	1:1	
制图				
审核				

班级　　　　姓名　　　　学号

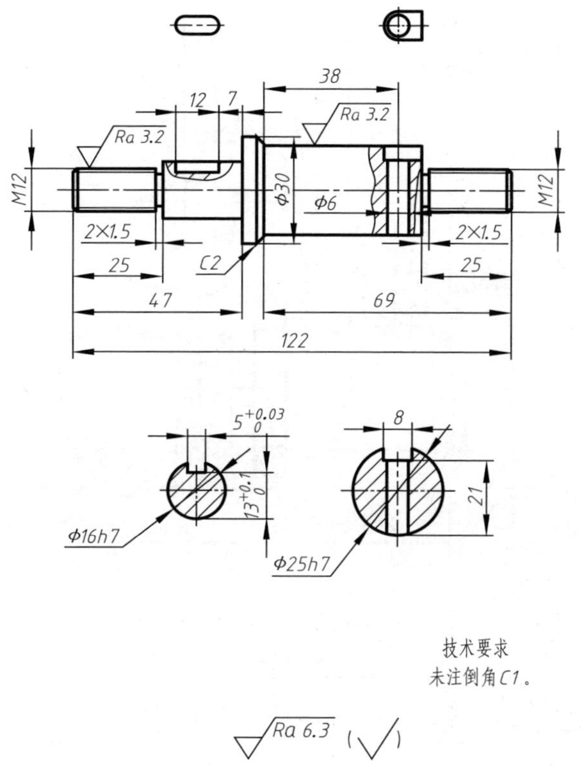

定位销	数量	材料	比例	4
	1	45	1:1	
制图				
审核				

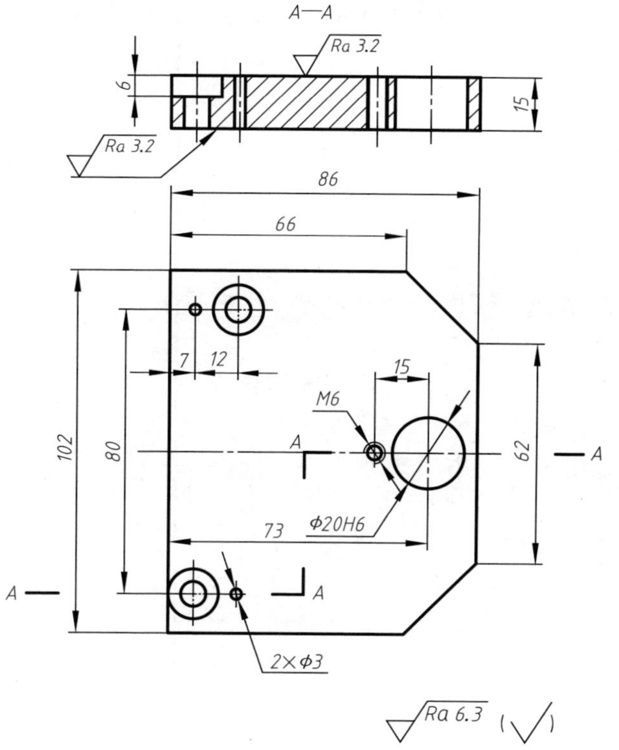

钻模版	数量	材料	比例	6
	1	Q235A	1:1	
制图				
审核				

班级　　　　姓名　　　　学号

作业指导书

一、内容

根据行程开关的装配图拆画指定的零件图。

二、目的

1. 熟悉装配图的特点、表达方法。

2. 掌握由装配图拆画零件图的方法，进一步提高机件的表达能力。

三、要求

1. 选用 A4 幅面图纸，比例自定，零件教师指定。

2. 画图前必须认真阅读装配图，弄清装配关系、技术要求和零件的结构。

3. 采用最优的方案表达零件的结构形状。

4. 标注合理的尺寸和技术要求，零件的尺寸是抄注还是量取，尺寸基准选择要合理。零件的技术要求可参照同类型的零件图确定。

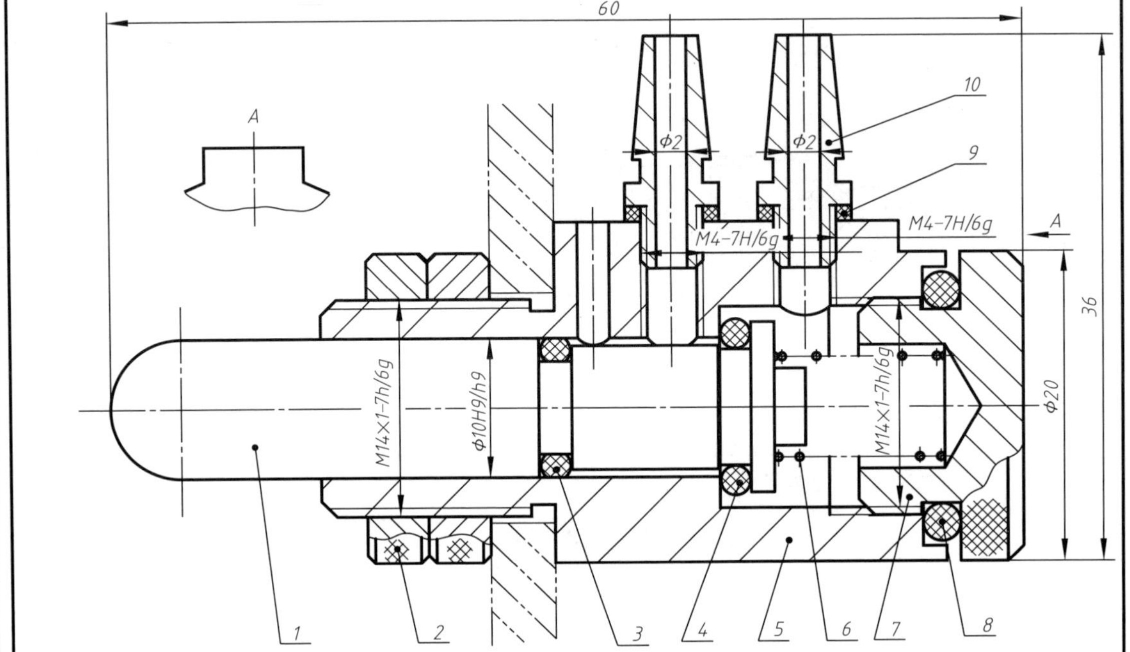

技术要求

1.零部件装配好后阀芯移动灵敏、无卡阻现象。

2.装好后进行密封检查，以不漏气、不串气为合格。

序号	图号	名称	数量	材料	备注
10	szn-01-10	接头	2	ZH62	
9	szn-01-09	垫圈	2	橡胶	
8	szn-01-08	O型密封圈	1	橡胶	
7	szn-01-07	端盖	1	ZH62	
6	szn-01-06	弹簧	1	65Mn	
5	szn-01-05	阀体	1	ZH62	
4	szn-01-04	O型密封圈	1	橡胶	
3	szn-01-03	O型密封圈	1	橡胶	
2	szn-01-02	螺母	2	Q235	
1	szn-01-01	阀芯	1	45	

行程开关	比例	材料	数量
	5:1		
制图		(生产厂家)	
审核			

szn-01

班级　　姓名　　学号